Regal im Hauptstaatsarchiv Stuttgart

Harald Rösler

Bürokunde

und ein Blick ins Archiv

Duisburg 2015

Bibliographische Information Der Deutschen Bibliothek.
Die Deutsche Bibliothek verzeichnet diese Publikation
in der Deutschen Nationalbibliographie;
detaillierte bibliographische Daten sind im Internet über
http://dnb.ddb.de abrufbar.

Die Internetseite zum Buch
http://www.buerokunde.de
wird betreut von Georg Allmacher.

Gesetzt in der Century Nova
Bildquelle des Titelbildes: Hauptstaatsarchiv Stuttgart

Korrekturen im April 2016 eingearbeitet

Preis: 34,90 €

ISBN 978-3-86870-856-1

Inhaltsverzeichnis

Danksagung

Dieses Buch hätte ohne die freundliche Mithilfe vieler Personen und Unternehmen gar nicht erscheinen können, und bei ihnen will ich mich an dieser Stelle ausdrücklich bedanken.

Georg Allmacher hat bei der Bildbearbeitung geholfen, vor allem aber betreut er die von ihm erstellte Netzseite zum Buch.

Ich danke den Herren Dr. Holger Berwinkel vom Politischen Archiv des Auswärtigen Amts und Dr. Christoph Popp vom Stadtarchiv Mannheim - Institut für Stadtgeschichte für wertvolle Anregungen und dafür, daß sie mir gestattet haben, Teile ihrer Veröffentlichungen zu verwenden. Weiterhin danke ich Mag. Dr. Michael Hochedlinger vom österreichischen Staatsarchiv - Kriegsarchiv, Wien, für hilfreiche Hinweise zu österreichischen Details.

Die Unternehmen Esselte-Leitz, Faber-Castell, Margreiter und Reiner waren so freundlich, mir Bilddateien zur Verfügung zu stellen bzw. die Verwendung ihrer Bilder zu gestatten, wofür ihnen mein herzlicher Dank gilt.

Schließlich danke ich Marvin Wedekind für das kritische Korrekturlesen.

Das Hauptstaatsarchiv Stuttgart hat mir die Verwendung des Titelbildes gestattet, wofür ich ebenfalls danke.

Duisburg im Oktober 2015 Der Verfasser.

PARTA TUERI

Erworbenes bewahren

Vorwort

Verwaltung geschieht nicht nur öffentlich-rechtlich: auch in Unternehmen und Vereinen, ja selbst im eigenen Haushalt gibt es sie - man denke an die Ablage von Kontoauszügen, Kaufverträgen oder Versicherungsunterlagen. Je größer und komplexer ein Gebilde ist, desto komplexer ist auch seine Verwaltung. So kann ein großes Unternehmen eine umfangreichere und weiter verzweigte Verwaltung haben (nötig haben!) als z. B. ein kleines Dorf mit dem Bürgermeisteramt.

Wir hinterfragen seltener und weniger intensiv, *warum* wir kochen, sondern sehen im Kochbuch nach, *wie* wir es am besten tun – mit welchen Zutaten, Geräten und Verfahren. Diesem Grundmuster folgt das vorliegende Buch: Verwaltung findet im Büro statt und bedarf, wie jedes „Handwerk“, eigener Materialien und Arbeitstechniken, die im folgenden besprochen werden sollen. Deshalb heißt das Buch „Bürokunde“, denn in ihm geht es um das „Wie“ und „Womit“; das „Warum“ und „Wozu“ sei einem späteren Werk oder anderen Autoren überlassen, dann zum Beispiel unter dem Titel „Verwaltungskunde“.

Zwei Abkürzungen seien zum Verständnis schon ins Vorwort eingebaut, weil sie sich von Anfang an durch das ganze Buch ziehen:

- erstens die *„Organisationseinheit“* **(OE)**, was gleichermaßen für eine Rechtsanwaltskanzlei, ein Unternehmen oder eine Unternehmensabteilung, eine Behörde, Dienststelle usw. stehen kann, selbst für einen Privathaushalt;

- zweitens der *„Sachbearbeiter“* **(Sb)**: funktional betrachtet; ganz gleich, ob es sich nun um einen Beamten, Richter oder Angestellten, Rechtsanwalt oder Rechtsanwaltsgehilfen, Dezernenten, Referenten, Mitarbeiter, Assessor oder was auch immer handeln mag.

Die Abstraktion auf das eingedampfte, funktionale „OE“ bzw. „Sb“ soll langatmige Aufzählungen vermeiden.

Die OE deckt sich weitestgehend mit der „aktenführenden Stelle“, denn darauf ist dieser Praxisratgeber ausgerichtet.

Auch beim Sb ist die Funktion entscheidend, während der Status als selbständig, angestellt, beamtet oder beauftragt für die folgenden praktischen Betrachtungen genauso unerheblich ist, wie es Amtsbezeichnungen oder akademische Grade sind: Assistent oder Oberamtsrat, stud. jur. oder RA, Dipl.- Ing. oder Dr. – das alles tritt hier hinter die Funktion zurück.

Wenn einmal von der Behörde und ein anderes Mal vom Unternehmen die Rede ist, so ist „das andere“ mitgemeint.

Während es zum rechtlichen Rahmen der öffentlichen Verwaltung Literatur zuhauf gibt, ist Material zu grundlegenden organisatorisch-arbeitstechnischen Fragen, zu ganz praktischen Dingen, selten. Noch viel seltener, weit verstreut – und auch dann nur angerissen – sind Veröffentlichungen zum Thema für die Privatwirtschaft. Die Fertigkeiten werden stillschweigend vorausgesetzt, oder man vertraut darauf, daß der Neuling sie sich schon irgendwie aneignen wird, der „ganze Aktenkram“ gilt sowieso als irgendwie lästige Nebensache.

So stehen Neulinge vor Fragen wie: „Warum macht der Kollege das so und nicht anders?“, „Was bedeuten die kryptischen

Kürzel, warum stehen sie an dieser Stelle und in dieser Farbe?", „Was ist eine kaufmännische Sortierung?", ja selbst: „Wie heißt dieses Gerät?" für Blockhefter, Registraturlocher oder Paginiermaschine.

Deshalb soll diese Handreichung als Lehr- und vor allem als Nachschlagewerk für die tägliche Praxis dienen. Manches wird selten oder nie gebraucht, weil es an der konkreten Stelle unüblich ist, anderes vielleicht nach Jahren des Vergessenseins wieder aus dem Schlummer geholt und wieder anderes mag dazu dienen, im eigenen Arbeitsbereich Abläufe zu straffen und Zeit für Wichtigeres freizumachen.

Schließlich soll nicht vergessen werden, daß jedes Buch, auch das vorliegende, einen Wissensstand seiner Zeit abbildet. So ist es denkbar, daß Informationen, die heute, im Jahre 2015, noch eingearbeitet wurden, künftig keinen Eingang mehr in neue Werke finden – und sei es nur, daß sie von vielen als überholt und nicht mehr aufschreibenswert angesehen werden.

Deshalb soll es Wissen erhalten und denjenigen dienen, die auch nach dem „Woher" fragen. Otto v. Habsburg (1912 - 2011) hat treffend gesagt: „Wer nicht weiß, woher er kommt, weiß auch nicht, wohin er geht, weil er gar nicht weiß, wo er ist."

Man muß nicht rückwärtsgewandt oder ewiggestrig sein, um in der Vergangenheit oder im Heute etwas zu finden, was morgen hilfreich ist – im Gegenteil. Denn wer nur nach vorn blickt, neigt dazu, das Rad neu erfinden zu wollen.

Nähern wir uns also dem Thema Bürokunde ohne Berührungsangst, durchaus kritisch und vor allem: neugierig und aufgeschlossen.

Einführung – Überblick

Beginnen wir mit einem Ausflug ins Private, denn selbst dort gibt es Schrifttum, Dokumentation und Schriftgutverwaltung, auch wenn sie nicht oder nur am Rande als solche wahrgenommen werden.

Schrifttum (Literatur) – das sind Bücher und Zeitschriften. Teile aus der Literatur fließen in die *Dokumentation* ein. Legen wir uns, zum Beispiel fürs Hobby, eine Sammlung von Internetbeiträgen, Zeitschriftenartikeln und Buchauszügen an, gehört das zum Dokumentationsmaterial.

Schließlich haben wir die eigentliche Verwaltung des Haushalts und des dabei anfallenden *Schriftgutes* – und schon die erste Unschärfe: gehört die Sammlung der Kochrezepte noch zur Dokumentation oder schon zum Schriftgut? Diese Feinunterscheidung ist für den Haushalt wohl bedeutungslos; sie soll den Leser lediglich an die Systematik des vorliegenden Buches heranführen.

Kommen wir also zur Schriftgutverwaltung im Privatleben. Im Haushalt können Sach- und Serienakten auftreten. Die Ordner „Auto“, „Beruf“ „Versicherungen“ usw. sind *Sachakten*, selbst wenn sie in *einem* Ordner („Schriftgutbehälter“) gemeinsam abgelegt und dort wiederum sachlich getrennt (= *gegliedert*) sind.

Die abgelegten Kontoauszüge dagegen sind klassische *Serienakten*, bei Bedarf sachlich *gereiht*: „Kontoauszüge Giro Bank A“, „Kontoauszüge Kreditkarte Bank A“, „Vermögensbildung Bank B“, ähnlich die Bezügemitteilungen oder die Telefonrechnungen.

Zunächst dürften Sammelsachakten angelegt werden; im Laufe der Jahre kann es aber selbst im Privathaushalt nötig werden, sie zu Einzelsachakten umzubilden („Versicherung“ zu „Lebens“-, „Renten“-, „Hausrats“-, „Autoversicherung“ usw.).

Eine reine Serienakte „Rechnungen“ dürfte wenig sinnvoll sein, stattdessen wird man nach dem Rechnungsgrund trennen und Sachakten bilden (z. B. Strom, Wasser, Gas, Miete), in denen neben den Rechnungen auch der jeweilige sachbezogene Schriftwechsel abgelegt wird, etwa mit dem Vermieter oder dem Stromversorger.[1]

Bei *einer* Sachakte „Auto“ (gegliedert nach „Finanzierung“ „Technik“, „Reparaturen“) lohnt sich schon die Überlegung, ob nicht der Teil „Finanzierung“ bei den Bankangelegenheiten besser aufgehoben wäre. Bei *mehreren* gereihten Sachakten „Auto“ („Micra Okt. 1993 - Feb. 1995“, „Golf Feb. 1995 - Aug. 1998“ usw.) muß man die Entscheidung treffen, ob Schriftverkehr und Belege zur Sachangelegenheit „Kfz-Steuer“ auf die Auto-Sachakten aufgeteilt werden oder doch besser in die Sachakte „Steuern“ bzw. „Autosteuer“ gehören.

Auch privat kann es sinnvoll sein, Altbestände zunächst zurückzulegen, zum Beispiel „Kontoauszüge“ 2008, 2009, 2010; „Stromversorger A“ bis 2005, „~ B“ 2006 bis 2009 oder die oben genannten Auto-Sachakten und später zu vernichten – sei es wegen der Materialfülle oder wegen Zeitablaufs.

All diese *Strukturen* finden sich – naturgemäß weit stärker formalisiert, vernetzt und in viel größerem Umfang – im Büro.

---

[1] vgl. Hoffmann, S. 90

Bürokratie – was ist das eigentlich?

Was man nicht versteht, ist einem nicht geheuer. Dabei ist es gleichgültig, ob man den Medizinbetrieb eines Krankenhauses, die Abläufe eines Chemiewerkes oder Verwaltung aller Art betrachtet. Weil ein Büro ohne Bürokratie kaum denkbar ist, seien ihr hier einige Ausführungen gewidmet.

Das Wort Bürokratie ist im Alltagsleben ein sehr *unscharfer Begriff*. Er umreißt umgangssprachlich zum einen ein diffuses Feindbild, zum zweiten bietet er reichlich Stoff für Hohn und Spott, oft genug als Ventil gegen etwas, das man nicht versteht, das einem deshalb unheimlich ist – und das man darum als feindlich betrachtet. Doch dies ist zu stark verkürzt und wird der Sache nicht gerecht. Die Urbedeutung des neutral-beschreibenden Begriffs ist weitestgehend verblaßt. Lassen wir hier einmal die Luft aus der Blase und betrachten die Dinge nüchtern und emotionslos.

Eine sachliche Definition lautet: *Bürokratie („Herrschaft der Verwaltung") ist die Wahrnehmung von Verwaltungstätigkeiten im Rahmen festgelegter Kompetenzen innerhalb einer festen Hierarchie.*

Die Steigerung von Bürokratie wird als Bürokratismus bezeichnet: eine bürokratisch überzogene Handlungsorientierung, welche die Vorschrift über den Menschen stellt und ihn weitgehend als Objekt behandelt. Umgangssprachlich werden die Begriffe Bürokratie und Bürokratismus oft gleichbedeutend verwendet. Leider ist das irreführend, stärkt das Feindbild und verstellt den sachlichen Betrachtungswinkel.

Der Begriff Bürokratie (frz. *bureaucratie*) wurde von dem Franzosen Vincent de Gournay (1712 bis 1759) geprägt und bereits kurz danach ins Deutsche übernommen. Das Kunstwort ist zusammengesetzt aus *bureau* (ursprünglich Schreibtisch) und dem französischen Suffix *-cratie*, das aus griechisch *κρατία*, Herrschaft, Gewalt, Macht, gebildet wurde.

Der Soziologe Max Weber hat sie als die „rationale“ Form der „legalen Herrschaft“ bezeichnet, auch für Unternehmen. Seine Bürokratietheorie zählt zu den Organisationstheorien, er behandelt sie in seinem Werk „Wirtschaft und Gesellschaft“ als Analyse des Rationalisierungsprozesses. Als Idealtyp der Bürokratie bezeichnet Weber die Behörde mit beruflichem Verwaltungsstab. Die Legitimation der bürokratischen (legalen) Herrschaft liegt in der rationalen Kompetenz des Vorgesetzten.

Im Gegensatz zu anderen Herrschaftsformen wie der Diktatur oder der Tyrannei soll die Bürokratie Bevorzugung oder Benachteiligung Einzelner durch Willkür *verhindern*, weil sich alle an die gleichen Regeln halten müssen. Webers Bürokratiebegriff ist also *positiv*.

Die Bürokratie ist ein Instrument rationaler Herrschaftsausübung. Sie hat beispielsweise folgende **Vorteile**:

- *Gerechtigkeit:* Bürokratische Strukturen schützen vor Willkürakten der Herrschenden. Deren Handeln ist durch allgemeingültige Gesetze gebunden.
- *Neutralität:* Bürokratie behandelt im Regelfall alle gleich, sie ist als Verwaltungsordnung neutral.

- *Sicherheit:* Bürokratische Vorschriften und Auflagen regeln Sicherheit in allen Lebensbereichen, zum Beispiel zum Schutz vor Unfällen, Krankheiten und Schäden aller Art.
- *Rationalisierung:* Probleme und Aufgaben werden nach vorgefertigten Schemata gelöst, nicht jedes Problem muß jedes Mal neu gelöst werden.
  Allerdings liegt darin auch eine Versuchung, den Einzelfall einem solchen Schema unterzuordnen und in Formalismus abzugleiten statt professionelle Sachbearbeitung zu betreiben.
- *Effektivität:* Bürokratische Strukturen sind durch Arbeitsteilung, den Einsatz von speziellen Mitteln und die Anwendung bewährter Denkweisen effektiv.
- *Stabilität und Kontinuität:* Bürokratische Strukturen sind stabil und verläßlich, denn sie werden nicht häufig verändert.
- *Fehlervermeidung:* Hierarchische Strukturen mit Arbeitsteilung führen zu einer effizienten Arbeitsorganisation: jeder entscheidet nur, was er kann und darf (wofür er kompetent ist). Diese Strukturen regeln die Rechte und Pflichten und die Zuständigkeit.
- *Gewissenhaftigkeit:* Bürokratische Entscheidungen werden so lange abgewogen, bis sie durchdacht und endgültig sind. Voreiligkeit kann zu falschen Entscheidungen führen.
- *Datenerhebung:* Bürokratische Formulare dienen der strukturierten Sammlung von Informationen, die für Statistiken und Planungen sowie zur Verwaltung genutzt werden können.
- *Bequemlichkeit:* Der einzelne Bürokrat muß nicht viel Verantwortung selbst tragen, da diese in den Regeln liegt. Er verantwortet die Anwendung und Ausführung, nicht die Regeln.

Dem stehen als auffallendste **Nachteile** eine gewisse Schwerfälligkeit und Undurchschaubarkeit gegenüber. Sie sind allerdings systembedingt und basieren nicht zuletzt auf der Masse und Komplexität dessen, was behandelt werden muß.

In einem Rechtsstaat darf die Verwaltung nicht gegen Gesetze verstoßen (Vorrang des Gesetzes) und nicht ohne gesetzliche Grundlage in Rechte des Einzelnen eingreifen (Vorbehalt des Gesetzes). Das führt dazu, daß die Grundlagen und Grenzen bürokratischen Handelns durch die Gesetze gezogen werden, das heißt durch allgemeine Vorschriften. Daraus ergibt sich aber eine Spannung zwischen formaler Rechtsstaatlichkeit und wirklicher oder auch nur gefühlter Einzelfallgerechtigkeit, denn durch allgemeine Normen läßt sich die Vielfalt des Lebens nicht erfassen. Daher gibt es in einem Rechtsstaat viele Ausnahme- und Sonderregeln für staatliches Handeln und ein kompliziertes System von Rechtsvorschriften. Selbst ein Übermaß an rechtlichen Regelungen kann aber prinzipiell der Vielfalt der Einzelfälle nicht ganz angemessen sein. Darüber hinaus haben viele Bürger nicht den nötigen Überblick über die Normenvielfalt, und auch das kann zu Ungerechtigkeiten führen: zwischen denen, die sich in den Vorschriften zurechtfinden, und denen, die das nicht können.

Entbürokratisierung ist ein Schlagwort, auch ein sehr unscharfes, und als solches führt es leicht in die Irre. Gemeint ist nämlich in der Regel ein *Abbau von Vorschriften und Gesetzen.* Die daraus folgende größere Transparenz behördlichen Handelns ergibt sich logisch: wo weniger Regeln (und Ausnahmen!) zu beachten sind, ist der Durchblick leichter.

Von der „Entbürokratisierung“, also im Grunde vom Regelabbau, erhofft man sich eine höhere Flexibilität. In Unternehmen und teils auch in Behörden wird zunehmend versucht, Ziele an die Stelle von Regeln zu setzen. Ein Unternehmensteil wird nicht mehr über die Vorgabe von Prozessen gesteuert, sondern durch die Vorgabe von Zielen. Der Weg zur Zielerreichung ist dem Tochterunternehmen freigestellt. Freilich ist mit dieser Abgabe von Befugnissen nach unten auch ein Kontrollverlust und dadurch eine Machtminderung der Zentrale verbunden, denn wo früher Ziel *und* Weg unter ihrem Einfluß standen, „darf“ sie heute nur noch das Einhalten des Ziels kontrollieren. Das ist manchem ungewohnt und unangenehm – auch Delegieren will gelernt sein.

In der Politik ist dies noch schwerer umsetzbar. Hinzu kommt, daß das *gefühlte* Ziel der „Entbürokratisierung“ zwar überwiegend geteilt wird, im Einzelfall aber meist umstritten ist. So wäre zum Beispiel der Abbau von Sicherheitsvorschriften in der Chemie oder der Lebensmittelbranche zum Vorteil der Wirtschaft, könnte aber für die Bevölkerung gesundheitliche Nachteile haben.

Ein ähnliches Spannungsverhältnis der Interessen gibt es in Ländern der Dritten Welt: weil die dort fehlenden gesetzlichen Regelungen eine fehlende Rechtssicherheit zur Folge haben, wird *faktisch eine Bürokratisierung gefordert* – was natürlich niemand so nennt, denn es wäre ehrlich, aber unpopulär.

Wir brauchen aber gar nicht so weit wegzugehen. Schon im eigenen Lande ergibt sich aus jeder umgesetzten Forderung nach mehr Regulierung (Verboten, Geboten) eine Zunahme dessen, das beachtet werden muß. Dieses Mehr an zu Beachtendem schwillt mit jeder neuen Regel zum Meer an zu Beachtendem an, verringert dabei die Durchschaubarkeit und verlangsamt das Handeln derer, die es umsetzen müssen. Daher sei der geneigte Leser zu folgender Überlegung eingeladen: *Wenn ich sage „Das kann man doch nicht dem Selbstlauf überlassen, das muß doch geregelt werden", dann sollte ich mir auch darüber klar sein, daß die neue Regel von vielen beachtet werden und daß ihre Einhaltung kontrolliert werden muß (sonst ist die Regel erst recht überflüssig), und das führt zwangsläufig dazu, daß sich mehr Leute damit befassen, also unterm Strich „die Bürokratie" zunimmt.* Das führt zu der einfachen Ja-Nein-Frage: *Muß wirklich alles bis ins kleinste reguliert werden?* Lassen wir hier einmal die imaginäre weise Großmutter warnend sprechen: *„Kind, bedenke, du könntest bekommen, was du dir wünschst."*

Gehen wir ab hier zum Handwerklichen über: betrachten wir die Bürokratie im oben beschriebenen Sinne als Rahmenbedingung, die Masse der Regeln als gegeben und die daraus abgeleiteten Aufgaben als das Rohmaterial. Um dieses Rohmaterial zu verarbeiten, greifen wir auf die Arbeitsmittel zurück: solide Technik und durchdachte, in Jahrzehnten aus Erfahrung heraus feingeschliffene Abläufe.

Schreibtisch *(frz.: le bureau)* ältere Bauform mit vielen Fächern, die Platte ist mit Leder ausgelegt. Ursprünglich war das Stoff *(altfrz. bure = „grober" Wollstoff von lat. burra = „zottiges Gewand");* daraus entstand dann *bureau* und die Eindeutschung Büro.

Noch ist es Vision: das papierlose Büro

Viele Gründe sprechen dafür, weniger Papier zu verwenden: Umweltschutz, Nachhaltigkeit und Rohstoffeinsparung, glattere Arbeitsabläufe, eine Generation junger Menschen, die mit Computer, Tablet und Smartphone aufgewachsen ist, bessere Technik und Programme und dergleichen mehr. Dagegen ist nichts zu sagen – und doch ist das papierlose Büro weitgehend noch Vision, vielleicht sogar schlimmer: eine Illusion.

Vergessen wir nicht bei all den vielversprechenden, aber noch mehr bei den bloß viel versprechenden Vorstößen und den mitunter aggressiven Erneuerungsvorschlägen die Zählebigkeit des Bewährten. Neu muß nicht zwangsläufig gut sein.

Es wird Stellen geben, an denen man wirklich fast ganz auf Papier verzichten kann, zum Beispiel bei standardisierten, gleichförmigen Aufgaben ohne viele Abweichungen, die vom Stapel abgearbeitet werden. Selbst dort aber können Eingänge auf Papier hereinkommen und müssen, etwa durch Scannen, erst EDV-tauglich gemacht werden.

Andererseits gibt es Büros, aus denen das Papier nicht verschwinden darf oder kann – sei es aus rechtlichen Gründen (Form- und Aufbewahrungsvorgaben) oder weil die EDV und die Arbeitsorganisation noch nicht so weit sind. Tradition und bewährte Abläufe spielen auch eine Rolle.

Realität ist das papierlose Büro also noch lange nicht, und wahrscheinlich gilt doch: „Solange Menschen im Büro arbeiten wird es kein papierloses Büro geben.“

Es gibt interessante Ansätze für elektronische Vorgangsbearbeitungssysteme (VBS; englischsprachig auch Electronic Records Management Systems [ERMS] oder Document Management Systems [DMS]), E-Akten und dergleichen, mit denen die papierne Vorgangsbearbeitung elektronisch *abgebildet* und unterstützt wird. Überzeugend wirkt zum Beispiel eine für Anwaltskanzleien angebotene Softwarelösung, die plattformübergreifend Dokumente verknüpft und elektronisch den Aktenspiegel erstellen kann (so etwas wie ein erweitertes Inhaltsverzeichnis), die auch Abläufe nachvollzieht, Plausibilitäten prüft, komprimierte Auszüge darstellt und bei der Terminüberwachung hilft. Ähnliche VBS sind in der öffentlichen Verwaltung auf dem Vormarsch.

Vieles davon scheint nützlich, eines aber fiel schon bei der ersten, durchaus wohlwollenden Sichtung des Materials auf: diese Systeme müssen „maßgeschneidert" sein, denn sie sind insgesamt *starrer* als Vorschriften.

Salopp ausgedrückt: die sprichwörtliche eierlegende Wollmilchsau ist auch auf dieser Spielwiese ein sehr scheues Wesen.

Kann man, weil es für die eigenen Arbeitsabläufe zweckmäßig ist, über Vorschriften hinaus arbeiten, notfalls an ihnen vorbei, ist dies in VBS durch ein technisches Korsett begrenzt. Änderungen, die sich relativ leicht in ein Vorschriftenwerk schreiben lassen, müssen zur elektronischen Abbildung im VBS programmiert werden. Das kostet Geld, und es sei hier auf die Gefahr hingewiesen, daß die EDV-Anwendung sich schleichend vom Diener zum Herrn des Verfahrens entwickelt, daß die Organisation der Technik angepaßt wird. Das kann ineffizient sein und teuer werden, weil sich Arbeitsabläufe nun nach der Technik richten müssen und nicht mehr nach ureigenen Bedürfnissen. Zusätzlich wird das Personal frustriert, das nicht mehr arbeiten kann, wie es möchte und würde, und auch das ist nachteilig. Eine ursprünglich gute Technik kann so zum Schädling werden, und das wäre an der falschen Stelle gespart.

Ein weiteres Manko dieser Systeme liegt darin, daß oft die Dokumente „eingefroren“ werden, daß das spätere Anbringen von Vermerken, Verfügungen u. ä. kompliziert oder unmöglich ist. Bei einer Papierakte ist es dagegen kein Problem, sie erneut zu bearbeiten und dabei zu ergänzen.

Noch ärgerlicher ist die Lage in solchen OE, die nicht einmal ansatzweise mit VBS arbeiten, sondern mit einem Gemisch aus Officeprogrammen, persönlichen E-Mail-Postfächern, Faxgeräten, E-Mail-Gruppenbriefkästen, Sonder-EDV mit speziellen Druckfunktionen, elektronischen Fax-In-Briefkästen und was es noch alles gibt, das Ganze möglichst billig gehalten, nach und nach zusammengewuchert und damit meist unübersichtlich und unkomfortabel. *Dort wird die Vorstellung vom papierlosen, ja selbst vom papierarmen Büro zum echten Aberglauben.* Eher ist die Tendenz erkennbar, daß *mehr* Papier, Toner, Ablageplatz und Arbeitszeit verbraucht wird, die Effizienz sinkt und der Frust zunimmt.

Bei aller Freude an elektronischer Unterstützung zeichnet sich schon heute etwas ab, das künftigen Generationen noch Kopfzerbrechen und hohe Ausgaben bescheren wird: die Langzeitkonservierung und die spätere Sichtbarmachung der Informationen sind noch nicht ausgereift. Manches, das vor erst 30 oder 20 Jahren elektronisch gespeichert wurde, statt es aufzuschreiben, ist schon rettungslos verloren, weil kein Gerät mehr zum Lesen der Magnetbänder oder der Disketten verfügbar ist, und wegen der permanenten technischen Neuerungen auch kein Betriebssystem mehr, das sie noch auslesen könnte. Auch wenn das Problem erkannt wurde und an der Minderung seiner Auswirkungen gearbeitet wird, ist es in der Welt. Schon heute gibt es ernstzunehmende Stimmen, die im Zeitalter der Informationsmassen zeitgleich den massenhaften Informationsverlust voraussagen. Etliches an Verlust aus einer Masse von langfristig Unwichtigem wird zu verschmerzen, wenn nicht gar zu begrüßen sein, und hier wollen wir der Zeit gern Gelegenheit geben, das glattzuhobeln. Um anderes dagegen ist es schade, denn es hätte künftigen Generationen nützlich sein können.

Verschieben wir einmal ein wenig den Betrachtungswinkel, gehen ans Eingemachte und fragen uns ganz grundsätzlich, ob es immer zweckmäßig ist, Gutes gegen Neues einzutauschen. *„Schauen Sie sich um. Sie sitzen auf einem Stuhl – einer Erfindung aus der Zeit der ägyptischen Pharaonen. Sie tragen Hosen, erfunden vor über 5.000 Jahren, von den Germanen adaptiert um 750 v. Chr. Die Idee für Ihre Lederschuhe stammt aus der letzten Eiszeit. Ihr Büchergestell […] ist nicht aus Plastik, sondern aus Holz, dem ältesten Baumaterial der Welt. Sie lesen diesen Text auf gedrucktem Papier und womöglich mit einer Brille – wie schon Ihr Urgroßvater. Zum Essen setzen Sie sich – ebenfalls wie er – an einen wahrscheinlich ebenfalls hölzernen Tisch und führen sich mit einer Gabel (eine seit den Römern bekannte «Killer App») Stücke von toten Tieren und Pflanzen in den Mund. Alles wie gehabt. Wie aber wird die Welt in 50 Jahren aussehen? Der Philosoph Nassim Taleb gibt […] einen Hinweis: Gehen Sie davon aus, dass die meisten*

Technologien, die es seit mindestens 50 Jahren gibt, auch weitere 50 Jahre Bestand haben. Und rechnen Sie damit, dass Technologien, die es erst seit wenigen Jahren gibt, in wenigen Jahren passé sein werden. Warum? Betrachten Sie Technologien wie Tierarten: Was sich über Jahrhunderte gegen den Innovationssturm behauptet hat, wird sich wohl auch in Zukunft behaupten. Das Alte bewährt sich, es wohnt ihm eine Logik inne – auch wenn wir sie nicht immer verstehen. Wenn etwas Jahrhunderte überdauert, dann muss etwas dran sein. Jede Gesellschaft, die sich ihre Zukunft vorstellt, legt viel zu viel Gewicht auf die momentan heißesten Erfindungen, die aktuellen «Killer Apps». Und jede Gesellschaft unterschätzt die Rolle der althergebrachten Technologien. Die 60er-Jahre gehörten der Raumfahrt, also malten wir uns Schulklassenfahrten auf den Mars aus. In der 70er-Jahren war Plastik angesagt. Also, dachten wir, würden wir in Zukunft in Plastikhäusern leben. Wir überschätzen systematisch die Rolle des Neuen.“ [2]

Doch das „papierlose Büro“ ist ein Thema, das am Kern des vorliegenden Buches vorbeiführen würde. Das zielt darauf, das Primäre, die Grundsätze der Abläufe, ihre Herkunft und ihre Zusammenhänge zu erläutern. Die „Verkörperung“, Abbildung und Konservierung der Inhalte – auf Papier, Lochkarte, Diskette, optischem Datenträger, auf Servern, in der Cloud, vielleicht eines Tages auf Kristallen oder auf eine Weise, wie sie sich heute noch unserer Vorstellungskraft entzieht – sie sind durchaus wichtig und dennoch sekundär. Das ist Stoff für ein anderes Buch.

Stellen wir uns deshalb vor, auch wenn einiges schon ausschließlich elektronisch vorliegt, bearbeitet und abgebildet wird, daß wir es noch durchgehend mit echtem Papier zu tun haben.

[2] Dobelli, S. 77 ff.

Schriftgut, Dokumentationsmaterial, Schrifttum

Schriftgut

Schriftgut ist die Bezeichnung für jene Dokumente, die in der Regel nur einmal existieren und sachbezogen die Masse der Vorgangsbearbeitung bilden. Die amtliche Definition entnehmen wir § 1 der Registraturanweisung (RegA) zur Gemeinsamen Geschäftsordnung der Bundesministerien (GGO): „Schriftgut ... sind alle ... aus der Geschäftstätigkeit erwachsenden amtlichen Unterlagen, unabhängig von dem Material, auf dem die Aufzeichnung erfolgt. Schriftgut sind also auch Karteien, Karten, Pläne, Bild- und Tonaufzeichnungen, mechanisch oder magnetisch angebrachte Markierungen in Belegen oder sonstigen Speichermedien.“ [3]

Der Schriftgutbegriff ist also sehr weit gefaßt und für die Schriftgutverwaltung im engeren Sinne wenig praktikabel.

Vielmehr werden, vom Informationsträger (Papier, Film, Großformate, EDV-Material) ausgehend und seine Besonderheiten berücksichtigend, spezielle – eigens verwaltete – Sammlungen von Plänen, Filmen, Datenträgern usw. zweckmäßig sein. Den Kern des Schriftgutes indes bilden die Vorgänge und Akten.

Blicken wir noch einmal auf die private Rezeptesammlung zurück: Uromas handgeschriebenes Heft und die Einzelblätter von Freunden und Nachbarinnen gehören zum Schriftgut, denn sie sind nicht für ein breites Publikum vervielfältigt.

[3] Hoffmann, S. 7

Dokumentationsmaterial

Das Dokumentationsmaterial steht zwischen dem Schriftgut und der Literatur. Große Unternehmen oder Behörden haben dafür eigene Dokumentationsstellen, die aber auch gern mit der Bibliothek verbunden sind.

Zur Dokumentation gehört zum Beispiel die „Presseschau". Das sind thematisch zusammengehörige Zeitungsartikel aus verschiedenen Publikationen.

Unselbständige Auszüge aus dem Schrifttum, etwa einzelne Aufsätze aus Fachbüchern und -zeitschriften, aber auch thematische Urteilssammlungen, veröffentlichte Gesetz- und Verordnungsblätter, interne Rundschreiben und Erlasse oder schwer zugängliche wissenschaftliche Arbeiten gehen ebenfalls in das Dokumentationsmaterial ein – es sei denn, sie sind so speziell, daß sie zum Schriftgut einer OE genommen werden.

Schrifttum (Literatur)

Schließlich gibt es das Schrifttum, die Literatur. Das sind die Bücher und Zeitschriften, die in großen Auflagen veröffentlicht werden. Sie wird in der Bibliothek (Bücherei) aufbewahrt und verwaltet. Naturgemäß folgt das bibliothekarischen Prinzipien und nicht den Grundsätzen der Schriftgutverwaltung oder der zwischen beiden stehenden Dokumentationsstelle.

Zum Schrifttum zählen selbstverständlich auch jene Bücher, die nicht in der Bücherei, sondern als Handstück am Arbeitsplatz des Bearbeiters aufgestellt sind. So eine „Handbibliothek“ kann unter Umständen recht umfangreich sein.

Überschneidungen und Unschärfen sind hier ganz natürlich und ergeben sich aus der Größe und der inneren Aufstellung einer OE. Die Bibliothek eines Handwerksbetriebes mag aus einem Dutzend Büchern bestehen und auf einem Regalmeter Platz finden, seine Dokumentation in einen Ordner passen und das Schriftgut einen halben Schrank füllen.

Ganz anders sieht es in einem großen, stark arbeitsteiligen, an vielen Standorten in verschiedenen Ländern tätigen Unternehmen aus: dort ist eher zu erwarten, daß Sachbearbeitung und Schriftgutverwaltung am Standort geschehen, dagegen die Dokumentationsstelle und die Bibliothek „über Standorte hinweg“ organisiert sind. Daß der Zugriff auf Dokumentation und Literatur nicht mehr in einem kleinen Büro mit einem Griff ins Regal geschehen kann, sondern daß hier Verdatung und Vernetzung und gegebenenfalls auch Fernleihverkehr von Büchern aus der Bibliothek nötig werden, ergibt sich von selbst.

Auch die Organisation von Sondersammlungen unterliegt diesen Unschärfen und Überschneidungen. Manche benötigen so spezielle Technik (Projektoren, Lesegeräte, Lichttische), daß eine Zentralisierung schon aus Kostengründen nötig ist.

Ab hier lassen wir Bücherei, Dokumentationsstelle und Sondersammlungen außer Betracht, konzentrieren uns auf die Vorgangsbearbeitung und das daraus entstehende Schriftgut.

Aufgaben der Schriftgutverwaltung

Jede verwaltende Tätigkeit von bleibender Bedeutung findet ihren schriftlichen Niederschlag. Auf diese Weise entsteht Schriftgut. Es hat zwei Aufgaben zu erfüllen.

Zum einen – als Hauptzweck – wird das Schriftgut geordnet und verwahrt, um zur Unterrichtung der Sachbearbeiter bei der Durchführung oder Wiederaufnahme von Maßnahmen, zur Auskunftserteilung in gleichgelagerten Fällen sowie für Beweiszwecke zur Verfügung zu stehen. Zum anderen kann es – ohne speziell für diesen Zweck angelegt zu sein – zur Forschung oder Geschichtsschreibung dienen.

Im Rahmen dieses Auftrags ergibt sich für die Schriftgutverwaltung eine Fülle von Kleinarbeit, bei der neben Schnelligkeit, Genauigkeit und Übersichtlichkeit eine rationelle Arbeitsweise geboten ist, um Aufwand und Nutzen in einem wirtschaftlich tragbaren Verhältnis zu halten.

Ein Kernbegriff der Schriftgutverwaltung ist die Registratur.

Was ist überhaupt die Registratur?

Der Begriff ist mehrdeutig und muß im jeweiligen Kontext gelesen werden. „Ihr Name stammt aus der neulateinischen Schriftsprache der mittelalterlichen Behörden. ‚*Res gestae*' sind geschehene Dinge, der Wortsinn ist fast derselbe wie der der ‚*acta*'." [4]

[4] Hübener, S. 57 f.

Registratur leitet sich vom spätlateinischen Verb *registrare* = verzeichnen her. Auch das Register, das Verzeichnis, stammt davon ab.

„Die Registratur ist das Gedächtnis der Verwaltung“, heißt es, und gelegentlich ist sie auch ihr „Gewissen“. Im Sinne des vorliegenden Buches ist die Registratur die *aufbauorganisatorische* Stelle einer OE, in der das Schriftgut gesammelt, geordnet aufbewahrt, bereitgestellt und ausgesondert wird.

Es gibt Zentral-, Abteilungs- und Bearbeiterregistraturen sowie Altregistraturen.

Auch der Raum, in dem die Registratur ihren Sitz hat und in dem die Registraturkräfte wirken, die Registratoren, wird oft schlicht als Registratur bezeichnet.

Herausstechendes Merkmal der Registratur als *eigener* Stelle ist die *Trennung* des Registrierens, Ordnens, Aufbewahrens, Bereitstellens und Aussonderns von der eigentlichen Sachbearbeitung.

Durch das Aufkommen der Bearbeiterregistraturen, leider **stark irreführend als „registraturlose Arbeit“ bezeichnet**, wurden die Zentralregistraturen und ihr Fachpersonal zurückgedrängt, die Trennung aufgehoben und die Registraturaufgaben auf die Sachbearbeiter verlagert. Natürlich kommt dadurch die Zeit für Registraturtätigkeiten *zur Sachbearbeitungszeit hinzu*.

Hierbei wollen wir es für die Praxis belassen; zur geschichtlichen Entwicklung findet sich mehr im Kapitel „Die Büroreform“.

Die *archivalische* Sicht hat einen anderen Betrachtungswinkel: „Die Registratur ist das ‚Vorfeld des Archivs‘ (Meisner). ... Im Lebenszyklus des Geschäftsschriftguts ist die Registratur ein vorübergehender Aufenthaltsort, und zwar so lange das

Material vorhersehbarerweise noch benötigt wird. Ist dies nicht mehr der Fall, wandern die ‚Akten' in die Altregistratur (reponierte Registratur, Altablage, ‚Aktenlager'), schließlich in das zuständige Archiv. Heute hat sich die Aufbewahrungslast aus der Registraturzone in den Archivbereich verlagert. An die Stelle der Altregistraturen tritt das Zwischenarchiv, das die Ursprungsbehörde räumlich entlastet, gleichzeitig den dauernden Zugriff gewährleistet, aber auch die Endarchivierung vorbereiten hilft." [5]

Soweit Hochedlinger schreibt, „Der Begriff wird schließlich auch zum Synonym für das gesamte bei einer Dienststelle erwachsene Schriftgut selbst" [6], gilt dies aus archivalischer Sicht, das heißt, für den Archivar liegt der Hauptaspekt auf dem übernommenen Bestand des Registraturbildners und nicht auf der Stelle oder Person, die die Tätigkeiten ausgeführt hat.

Inhaltlich noch weitergehend, sagt Meisner zu Archiven: „Schließlich wandelte sich das Bild auch dadurch, daß nicht mehr nur wie Jahrhunderte lang allein der Staat, vertreten durch seine Behörden, als Registraturbildner (-persönlichkeit) in Erscheinung trat, sondern juristische und physische Personen neben diesen. Daß die Papiere eines Privatmannes zu dessen Lebzeiten nichts anderes darstellen als seine Registratur, ..." [7]

Dies ist, wie gesagt, die streng archivalische Sicht, und in der Praxis wird sich wohl so eine Registratur eines Privatmannes deutlich von der einer Behörde oder eines Wirtschaftsbetriebes unterscheiden.

---

[5] Hochedlinger, S. 61
[6] a. a. O.
[7] Meisner II, S. 103

Wertstufen des Schriftgutes

Um die Registratur nicht zu stark zu belasten, sollten die Wertstufen des Schriftgutes beachtet werden.

- **ohne Wert** *Papierkorbsachen*: Massendrucksachen, Kataloge, Werbesendungen u. dgl. ohne Bedeutung – sollten sofort vernichtet werden
- **Tageswert** z. B. unverlangte Angebote mit einmaligem Informationswert, Einladungen – sollten, ggf. nach Absage, ebenfalls vernichtet werden
- **kurzzeitiger Wert** z. B. Anfragen, aus denen sich nichts weiter ergibt, Irrläufer mit Abgabenachricht – sollten als *Weglegesachen*, d. h. ohne sie zu registrieren, noch eine Zeit aufbewahrt und dann vernichtet werden
- **Gesetzeswert** all die Unterlagen, die einen Geschäftsvorgang lückenlos darstellen wie etwa Handelsbriefe und Steuerunterlagen – z. B. Handelsbriefe 6 Jahre, Inventare, Handelsbücher und Bilanzen 10 Jahre; andere Schriftstücke (besonders solche der öffentlichen Verwaltung), für sie gelten wiederum eigene Aufbewahrungsfristen
- **Dauerwert** Unterlagen zur Gründung und Entwicklung eines Unternehmens, Patentschriften, Grundstücksunterlagen und so weiter – sie müssen unabhängig vom Gesetz dauernd aufbewahrt werden

In die Registratur gehört das Schriftgut mit Gesetzes- und Dauerwert. Eines Tages wird es archivreif sein. Dann wird das Schriftgut mit Dauerwert relativ einfach ins Archiv gelangen, während das mit Gesetzeswert noch einmal daraufhin geprüft wird, ob es vernichtet werden darf oder zunächst dem Archiv angeboten werden muß. Was das Archiv übernimmt, wird dort dauernd aufbewahrt.

Arten des Schriftgutes

Nach dem *Lauf der Schriftstücke im Geschäftsgang* sind folgende Arten zu unterscheiden:

- **Innen-Schriftgut** entsteht, läuft und bleibt innen (zum Beispiel Aktenvermerke, firmen- oder behördeninterner Schriftverkehr, Berichte, Vorlagen; Entwürfe/Konzepte für das Ausgangs-Schriftgut).
  Aktenkundlich nennt man es *Memorialschreibwerk.*
- **Eingangs-Schriftgut** kommt herein und bleibt innen (zum Beispiel Schreiben von Antragstellern, Mandanten oder Kunden; Erlasse und Verfügungen von vorgesetzten Behörden)
- **Ausgangs-Schriftgut** entsteht innen und geht nach außen (z. B. die Reinschriften von Antworten an Antragsteller usw.; Anfragen an andere Firmen oder gleichrangige Behörden; Erlasse und Verfügungen an nachgeordnete Stellen, Berichte an vorgesetzte Behörden)
- **Durchlauf-Schriftgut** kommt herein, läuft um, geht hinaus (zum Beispiel urschriftliche Vorgänge „gegen Rückgabe“, Vorgänge zur Mitzeichnung, Umläufe zur Kenntnisnahme)

Zum Durchlauf-Schriftgut: seiner Natur nach ist es für die OE, die es durchläuft, *gerade nicht mehr erforderlich* und sollte deren Schriftgutbestand nicht unnütz aufblähen. Dennoch kann es sinnvoll sein, daß es Spuren hinterläßt, sei es in Form von Listeneinträgen, Aktenvermerken oder (Teil-) Kopien; sei es zum (Tätigkeits-) Nachweis; sei es sachlich nötig. Jedenfalls muß es nach *eigenen* Bedürfnissen registriert und abgelegt werden.

Außer dem Schriftgut auf normalformatigem Papier sind unter Umständen auch sachlich zugehörige Zeichnungen, Bilder, Drucksachen, Pläne, Karten, Datenträger und dergleichen aufzubewahren und zu verwalten. Systematisch geschieht das dann in Neben- oder Beiakten (Adhibenda, Einzahl: Adhibendum) mit abgeleiteten Aktenzeichen, praktisch naturgemäß in eigenen Aufbewahrungs*behältern.*

Fällt soviel davon an, daß zum Beispiel aus Platzgründen eine gesonderte Aufbewahrung unumgänglich wird, geht die Tendenz dort zu einem *eigenen Ordnungssystem.* Das sind die oben angerissenen Sondersammlungen. Dann sind Verweise („gehört zu Az. ...“, „hierzu Plansammlung № ...“) unverzichtbar.

Schriftstück, Vorgang, Akte

Vorweg: der Vorgang im hier besprochenen Sinne meint nicht ein chronologisches Vorgehen, sondern eine Anzahl von Schriftstücken.

Gern übersehen, aber wichtig ist die Tatsache, daß die Zuordnung von Sachverhalten immer Sache der bearbeitenden Stelle ist, denn sowohl der Betrachtungswinkel als auch die innere Organisation von Absender und Empfänger sind *nie* deckungsgleich. Ein Produktionsbetrieb ist nun einmal anders strukturiert als eine Behörde oder eine Anwaltskanzlei.

Ein Schriftstück bezieht sich im Idealfall auf *einen* Sachverhalt und nicht auf mehrere.[8] Dieser Sachverhalt kann neu sein, dann entsteht daraus ein neuer Vorgang. Das Schriftstück kann sich aber auch auf einen bekannten, bereits bearbeiteten Sachverhalt beziehen, dann dürfte es dazu schon einen Vorgang geben.

Ein Vorgang wiederum kann selbst genug Stoff enthalten, daß daraus am Ende eine eigene Akte gebildet wird, oder aber mehrere sachlich zusammenhängende Vorgänge werden zu einer Akte vereint.

Sehen wir es uns einmal an folgenden Beispielen an:

- Ein Stammkunde hat etwas bestellt, das auf mehrere Teillieferungen aufgeteilt werden muß. Eine dieser Lieferungen ist überfällig, er erkundigt sich beim Lieferanten nach dem Verbleib – das ist das Schriftstück. Dazu gibt es schon einen Vorgang, nämlich die aktuelle Bestellung. Dieser Vorgang ist Bestandteil der schon vorhandenen Kundenakte.
- Ein Bürger beklagt sich bei den Verkehrsbetrieben, daß neuerdings die Straßenbahn nahe seiner Wohnung in den Kurven laut quietscht – das ist das Schriftstück. Den Verkehrsbetrieben

[8] Ein Schriftstück = ein Vorgang (= ein Aktenzeichen) läßt sich nur anstreben, wird sich aber nie ganz erreichen lassen. Sei es, daß es der Einsender nicht besser weiß (und ohnehin nicht gezwungen werden kann), sei es, daß er einen anderen Betrachtungswinkel hat: was für ihn *eine* Sache ist, kann durchaus mehrere OE betreffen und dort verschiedene Sachverhalte = Vorgänge bilden. – Ähnliches gibt es übrigens auch in der Buchhaltung: die eine Seite komprimiert und saldiert nach ihren Bedürfnissen und kommt zu *einer* Banküberweisung, während die andere Seite verzweifelt versucht, den Betrag wieder zu zerlegen und den Vorgängen auf ihrer Seite zuzuordnen. Bei der extremen Formalisierung der Datensätze und längenbegrenzten Eingabefeldern, z. B. für Referenzen, ist das für die Buchhaltung nicht immer erfreulich.

ist das neu (der Sachverhalt ist bisher unbekannt), hieraus entsteht ein neuer Vorgang. Weitere Bürger beschweren sich über den ungewohnten Lärm (weitere Schriftstücke) – der Sachverhalt ist inzwischen bekannt, die Schriftstücke werden zu diesem Vorgang genommen. Beschwerden aus *anderen* Stadtvierteln (weitere Schriftstücke) kommen herein, das wird zunächst als eigener Vorgang behandelt. Die Vorgänge landen schließlich vereint in einer gemeinsamen Akte.

Die Verkehrsbetriebe beauftragen nun einen Gutachter mit der Ursachenforschung und einer Lösungssuche. Für *ihn* sind die Schriftstücke, Vorgänge und Akten der Verkehrsbetriebe unerheblich, denn aus *seinem* Betrachtungswinkel ist nur die technische Seite interessant. Er wird deshalb das Material nach *seinen* Befürfnissen ordnen, registrieren und ablegen.

• Bei einer Eisenbahnbeförderung wird Ware beschädigt, der Kunde verlangt Schadenersatz – das ist das Schriftstück. Beim Entschädigungsdienst wird dies sofort als eigener Vorgang = eigene [Fall-]Akte registriert – hier sind also Vorgang und Akte erst einmal deckungsgleich.

Ist der Kunde mit einer Entscheidung, etwa der Kürzung seiner Forderung, nicht einverstanden, macht er das in einem neuen Schriftstück deutlich, das zu *diesem* Vorgang genommen wird. Ein *anderer* Schaden desselben Kunden dagegen ist ein anderer Sachverhalt, gehört zu einem anderen Vorgang und damit zu einer anderen Akte.

Ablauforganisatorisch ergibt sich also, umrißhaft dargestellt, daß Schriftstücke zum Vorgang und Vorgänge zu den Akten genommen werden.

Aktenarten

Hauptsächlich unterscheiden wir Serien- und Sachakten.

Bei **Serienakten** ist *formales* Merkmal der vorherrschende Ordnungsfaktor, etwa das Datum der Eingänge (chronologisch), der Name des Kunden (alphabetisch) oder eine laufende Nummer (numerisch).

Übliche Serienakten sind etwa Rechnungsakten, Protokollakten oder Korrespondentenakten (zum Beispiel „Schriftwechsel mit …“). Sie können leicht in der zeitlichen Folge des Eingangs geordnet werden. Bei aller Leichtigkeit des Ordnens sollte aber nicht übersehen werden, daß eine eindeutige Sachzuordnung nur bei einfachen Verhältnissen gewahrt ist und daß vielleicht sogar eine Erschließung nötig wird. So sind Rechnungen zu einem Sachverhalt (einer Bestellung, einem Projekt, einer Schadenersatzforderung) unproblematisch; beziehen sie sich aber auf verschiedene Sachverhalte (Forderung zu Bestellung A, Gutschrift für Schadenersatz B, Teilforderung zu Projekt C), zum Beispiel aus buchhalterischen oder banktechnischen Gründen, dann kann es schon erforderlich sein, mit Auszügen und Querverweisen zu arbeiten.

Bei *Korrespondentenakten*, hier seien Kundenakten als Beispiel genannt, liegt die Sache ähnlich. Beschränkt sich die Korrespondenz auf Standardabläufe wie Anfrage – Angebot – Bestellung – Lieferung – Zahlung, wird es auch kaum Rückgriffe auf die Akte geben. Kommt es aber zu Abweichungen wie Zahlungsverzug oder Reklamationen, treten neue Sachaspekte hinzu. Vielleicht muß sich auch eine andere OE (Mahnstelle, Schadensdienst, Rechtsabteilung, Geschäftsleitung) damit befassen. Dann kann *dort* durchaus eine eigene *Sach*akte nötig werden.

Protokolle, insbesondere Sitzungsprotokolle, behandeln meist verschiedene Sachverhalte. Sie gehören, zeitlich geordnet, in eine *Protokollakte.* Es kann zweckmäßig sein, diese zu *erschließen.*

Erschließen heißt, Inhaltsangaben aus der Akte in Findhilfen zu übertragen, etwa in ein Stichwortverzeichnis, heute wohl am ehesten in eine Datenbank. Während wiederkehrende oder selbstverständliche Punkte ohne Aussagewert nicht weiter betrachtet werden (Begrüßung, Genehmigung des Protokolls der vorigen Sitzung, Sonstiges), gehört Wichtiges ins Findmittel, zum Beispiel „Kauf eines Grundstücks in A-Stadt“ oder „Zusammenarbeit von X, Y und Z bei Schadensanalyse und -verhütung“.

Erschließen vor der Ablage heißt auch Aufwand betreiben: durchdenken, was ins Findmittel gehört und es dort eintragen. Dies kostet Arbeitszeit und geistige Energie und wird, auch mit Blick auf andere Aufgaben und die Gesamtarbeitsbelastung, gern vermieden. Das *kann* folgenlos bleiben – aber auch nach hinten losgehen. Vielleicht fragt nie mehr jemand nach bestimmten protokollierten Sachverhalten, dann wäre die Vermeidung des Aufwandes nachträglich „gerechtfertigt“. Es ist aber ebenso denkbar, daß ein wichtiger Protokolleintrag, eventuell noch unter Zeitdruck, in einem unerschlossenen Papierstapel (oder einer Unzahl verschiedener Dateien unterschiedlicher Formate) gesucht werden muß. Wird er übersehen, kann das zur Folge haben, daß wichtige Rechte nicht geltend gemacht werden können und deshalb Geld verloren geht. Wird er gefunden, hat der Suchaufwand (Arbeitszeit des hochqualifizierten Personals) womöglich die vorherige „Einsparung“ zunichte gemacht oder sogar Mehrkosten verursacht. Unberücksichtigt ist dabei noch der nicht in Geld bewertbare Image-Faktor, stets gut unterrichtet zu sein und bei Bedarf quasi „aus dem Handgelenk“ wichtige Informationen verzögerungsfrei zur Verfügung zu haben. Hinten, im Ergebnis, beeindruckt es den Verhandlungspartner und kann die eigene Position stärken; vorn, bei der handwerklichen Vorbereitung, muß man freilich gediegene Denkarbeit für die Konzeption und Arbeitszeit für die Umsetzung investieren. Ganz gleich, ob man ohne garantierten Gewinn investiert oder mit kalkuliertem (?) Risiko „spart“ – zum Zeitpunkt der Entscheidung kann niemand das Ergebnis voraussehen, und dennoch muß sie getroffen werden. Ganz am Ende tritt, bei der Betrachtung von außen sowieso, der interne Aufwand in den Hintergrund, und es bleibt nur noch die Einschätzung: „Die haben es nicht gebracht, die anderen waren besser.“ – oder eben: „Die waren gut organisiert, die haben es gekonnt.“

Es ist übrigens zweckmäßig und spart nachher Arbeitszeit des Archivars, wenn die Findmittel zusammen mit der Akte ans Archiv abgegeben werden: er kann die Erschließung prüfen und ggf. ergänzen, muß sie aber nicht komplett von vorn beginnen.

Serienakten können intern *gegliedert* sein, beispielsweise Kredit- Kunden- oder Personalakten.

Bei der **Sachakten**registratur bildet *die Sache* (der „Betreff“) das beherrschende Ordnungselement: sachverwandtes Schriftgut wird zusammengefaßt, der Ordnungsfaktor *Zeit* tritt in den

Hintergrund, Nummern oder Namen sind hier als Ordnungsmerkmal eher entbehrlich – außer bei Fallakten.
Fallakten, die in mancher Organisationseinheit den Hauptanteil des Schriftgutes ausmachen, sind eine *Sonderform der Sachakte*. Die Haupt*sache* (Steuer- oder Schadensangelegenheiten, Ermittlungs- und Gerichtsverfahren) liegt schon fest, wegen der Masse der Akten sind sie – in zweiter Ebene, zur Ableitung – numerisch, alphanumerisch oder chronologisch *gereiht*.

Bei der Arbeit mit Akten sind meist Registraturhilfsmittel wie Sachregister, Stichwortverzeichnisse, Querverweis- und Konkordanztabellen erforderlich.

In der Praxis gibt es in einer OE weder die Serien- noch die Sachaktenregistratur in reiner Form. So wie die Serienaktenregistratur nicht ohne eine gewisse Anzahl von Sachakten auskommt (Organisation, Rechtsgrundlagen, Projekte), kann die Sachaktenregistratur aus sachlichen oder geschäftstechnischen Gründen nicht ganz auf Serienakten verzichten (chronologische Reihung von Belegen verschiedener Ersteller, Protokolle).

Handakten, Mitwirkungsakten

Handakten (*acta manualia*, auch Privatakten – im Gegensatz zu den oben beschriebenen „Dienstakten") sind dienstliche Schriftstücke, persönliche Aufzeichnungen und Hilfsmittel, die ein Sachbearbeiter zu seinem persönlichen Gebrauch zusammengestellt hat, oder Akten von sachlich befaßten Personen außerhalb der OE (z. B. Gutachter, Anwälte), die der Registratur der

OE einverleibt werden. Beim Ausscheiden des Mitarbeiters bleiben sie als „Schreibtischnachlaß" in der OE zurück.
Handakten dürfen keine Original-Aktenschriftstücke enthalten!

„Mitwirkungsakten" entstehen, wenn zwei verschiedene OE oder zwei Sachbearbeiter einer Dienststelle an einem Geschäftsvorfall arbeiten, wobei aber nur einem die „Federführung" (die verantwortliche Erledigung) zukommt. Bei diesem bildet sich daher die reguläre Akte, bei seinem Kollegen entsteht bloß ein Konvolut mit Kopien oder Abschriften.
Auch Mitwirkungsakten dürfen keine geschäftswirksamen (originalen) Schriftstücke enthalten – *mit einer Ausnahme:* interne Aktenvermerke der beteiligten, nicht federführenden OE, die für die „führende" Akte entbehrlich sind. Insgesamt bläht solches „Mehrfachschriftgut" die Registraturen deutlich auf.[9]

Achtung, Bedeutungsunterschied bei „Handakten"!
Im deutschen Rechtswesen hat der Begriff der Handakten eine andere Bedeutung: dort sind sie die von einer Prozeßpartei, zum Beispiel einem Rechtsanwalt oder der Staatsanwaltschaft *innerdienstlich* gesammelten und zu einem bestimmten Rechtsfall gehörenden Schriftstücke. Sie können *mehr* Informationen enthalten als die Hauptakte (Prozeßakte), und es gibt deutliche Unterschiede bei der Akteneinsicht. Die juristischen Details können allerdings im vorliegenden Buch nicht näher behandelt werden.

[9] vgl. Hochedlinger, S. 42 f.

Nicht Fisch, nicht Fleisch: an- und dann abgebrochene Vorgänge

Eine Tendenz der Neuzeit – durch bequeme Weiterleitung von E-Mails und billigen Druck von Dateien – zeigt sich besonders in solchen OE, die noch keine wirkliche elektronische Vorgangsbearbeitung haben, in denen aber bewährte Formen der klassischen rein papierbasierten Organisation schon verkümmert sind.

Zum Beispiel so: eine Information kommt per E-Mail o. ä. herein, man beginnt mit einer Bearbeitung, druckt schon einiges Zwischenmaterial aus, z. B. Rechercheergebnisse oder Belege, stellt dann fest, daß eine andere OE sachlich zuständig ist – und handelt ab hier inkonsequent. Wenn eine andere OE zuständig ist, ist das Zwischenmaterial entbehrlich und belastet nur die eigene Ablage. Es gibt daher keinen sachlichen Grund, es selbst aufzubewahren. Dennoch wird so etwas gern abgeheftet, um nach geraumer Zeit, wenn es zwar nicht mehr angefaßt wurde, sondern nur genügend Staub gefangen hat, nochmals mit Arbeitszeiteinsatz gesichtet, nun als überflüssig erkannt und dann vernichtet zu werden. Die sachlich zuständige OE aber wird nicht etwa – z. B. durch die Hauspost – mit den schon vorhandenen Ausdrucken versorgt, sondern erhält nur eine bequem weitergeleitete E-Mail. Mit viel Glück wird ihr eine eingescannte Datei des Zwischenmaterials übermittelt; meist aber auch das nicht – wozu denn auch, das bloße Weiterleiten der Urnachricht ist ja am bequemsten. Also beginnt das Ermitteln und Zusammentragen von Unterlagen, das Erfassen eines Vorgangs und die Aktenbildung neu, denn es gibt ja in der weitergeleiteten E-Mail keine Hinweise auf Vorarbeiten.

So etwas mag weit verbreitet und deshalb „normal“ sein, zweckmäßig ist es nicht. Eher zeugt es von *Rücksichtslosigkeit* gegenüber der anderen OE, der man die Mehrarbeit ersparen könnte und im Endeffekt auch gegenüber dem eigenen Unternehmen, dem man so durch vermeidbaren Aufwand Arbeitszeit stiehlt.

Unnütze E-Mails sind virtuelle Umweltverschmutzung!

Sie verbrauchen Speicherplatz und Übertragungskapazität, sie kosten Zeit beim Verfassen und beim Lesen. Die vergeudete Zeit fürs Lesen steigt mit jedem Kopie-Empfänger, der nicht zwingend mit der Sache zu tun hat.

So etwas ließe sich durch *urschriftliche Bearbeitung* leicht vermeiden: nur *ein* Abgabebeleg bliebe zurück (wenn überhaupt), während das eigentliche Arbeitsmaterial *im Original* an die sachlich zuständige OE geht. Entlastung der eigenen Ablage plus Bereitstellung des Vorhandenen an die bearbeitende OE, damit wäre Mehrfacharbeit vermieden und Papier gespart.

Oft, viel zu oft, scheitert es daran, daß schon einfachste Überlegungen nicht angestellt werden. Die klassische, heute oft als Feindbild hingestellte Verwaltung mit ihren feingeschliffenen Arbeitsabläufen war in dieser Hinsicht durchaus effizient.

Für urschriftliche Bearbeitung „gegen Rückgabe“ gilt das Gesagte, nur daß die andere OE ihre Anmerkungen, Zuarbeiten, Ergänzungen usw. beifügt und den Vorgang zurücksendet, ohne ihre eigene Ablage zu belasten. Was sie für ihre Tätigkeit braucht, davon nimmt sie Kenntnis oder kopiert sich die Teile, den Rest überblättert sie. Billiger geht's nicht!

Fundmerkmale: Aktenzeichen, Geschäftszeichen, Mitarbeiterkürzel, Arbeitsanteil

Das Geschäftszeichen (Gz.)

Das *vollständige* Geschäftszeichen besteht aus der Kurzbezeichnung der aktenführenden Stelle, dem Kurzzeichen des Bearbeiters, eventuell auch seinem Arbeitsanteil, und dem Aktenzeichen. Als praktische Konsequenz ergibt sich daraus: das Aktenzeichen muß schon vorliegen, wenn das Geschäftszeichen gebildet wird.

Das Geschäftszeichen heißt in Österreich und anderen Ländern *die* Geschäftszahl, doch das ist nur für die Grammatik im Anschreiben von Belang, solange die Abkürzung „Gz." verwendet wird.

Das Aktenzeichen (Az.)

Das Aktenzeichen ist Bestandteil des Geschäftszeichens. Es wird aus dem Aktenplan abgeleitet, ist von der bearbeitenden Stelle in diesem Rahmen nach ihren *eigenen* Bedürfnissen selbstbestimmt und in der Regel in lückenloser Folge vorhanden, das heißt: eine Vollzähligkeitskontrolle ist möglich.

Das Aktenzeichen sichert die eindeutige Zuordnung eines Schriftstücks zu einem Vorgang und des Vorgangs zu einer Akte und erzwingt dadurch eine Strukturierung von Anfang an.

Ordnung entsteht am Anfang, nicht am Ende eines Vorgangs!

Es kann hilfreich sein, das Aktenzeichen als Fundmerkmal in Dateinamen einzuarbeiten – die Suche in EDV-Verzeichnissen wird dadurch enorm vereinfacht.

Exkurs: Eine Seuche der Neuzeit

Höchst ärgerlich sind von der EDV vergebene „Aktenzeichen“, die kritiklos übernommen werden und die eigene, *selbstbestimmte* Organisation aushebeln. Es mag sein, daß technisch jeder Datensatz eine eigene ID haben muß; es ist aber kurzsichtig, deshalb die Vergabe *eigener* Fundmerkmale zu vernachlässigen und das Programm, statt es als Helfer zu benützen, zum Herrn der Arbeit zu machen.

Im Extrakt ist das ineffizient und nachteilig: es zwingt zum Führen von Konkordanztabellen, dem Kunden müssen neue Geschäftszeichen für denselben Vorgang mitgeteilt werden, statt ein Aktenzeichen von Anfang bis Ende durchlaufen zu lassen, es gibt unterbrochene Nummernreihen und damit keine Vollzähligkeitskontrolle und so weiter.

Besser ist: **ein Geschäftsvorfall = ein Aktenzeichen!**

Bearbeiterzeichen, Arbeitsanteil (Geschäftsanteil)

Sie können Bestandteil des vollständigen Geschäftszeichens sein, daher sind sie hier behandelt.

Berbeiter(kurz-)zeichen

Das Bearbeiterzeichen darf in einer OE nur einmal vorkommen; es besteht meist aus einem Groß- und einem Kleinbuchstaben, zwei Großbuchstaben sind selbst bei Doppelnamen selten. Häufig wird es aus den ersten beiden Buchstaben des Nachnamens gebildet (Müller = Mü); ist es in der OE schon vergeben, kommen erster und letzter Buchstabe des Nachnamens (= Mr) oder, wenn auch dies schon vorhanden ist, andere einmalige Varianten in Frage (= Ml od. Me), notfalls Kombinationen aus Nach- und Vornamensbuchstaben (Müller Klaus = Mk).

Das Bearbeiterzeichen bildet im vollständigen Geschäftszeichen das Bindeglied zwischen der Angabe der aktenführenden Stelle (der OE) und dem Aktenzeichen.

Schreibzeichen

Ähnlich, aber nicht dasselbe ist in manchen Schreiben das „Schreibzeichen“, meist in Kleinbuchstaben und durch Schrägstrich getrennt (z. B. mü/kr). Vor dem Schrägstrich steht das Kürzel des veranlassenden Vorgesetzten, nach dem Schrägstrich das der Schreibkraft.

Arbeitsanteil (AA) = Geschäftsanteil (GA)

Der Arbeits- bzw. Geschäftsanteil findet sich vor allem in der öffentlichen Verwaltung. Einem Arbeitsanteil sind zum Beispiel bestimmte Steuerpflichtige, Versorgungsfälle oder dergleichen zugeordnet. Es ist meist numerisch, an die Stelle (den Arbeitsplatz, die Funktion) gebunden und geht nach einem Mitarbeiterwechsel auf den neuen Stelleninhaber über.

Eingänge werden „auf den AA ausgezeichnet“ und ihm damit zur Bearbeitung zugewiesen.

Der Arbeitsanteil kann, muß aber nicht Bestandteil des Geschäftszeichens sein; er kann statt des Mitarbeiterkürzels dort erscheinen oder ergänzend.

Der Aktenplan

Der Aktenplan gibt den Rahmen vor, nach dem die Akten zu bilden sind. Er ist das Gerüst der Schriftgutverwaltung, er schafft *Ordnung von Anfang an.* Auf dem Aktenplan basiert das Aktenverzeichnis, das die einzelnen Akten nachweist und das später zur Aussonderung und zur Abgabe der Altakten ans Archiv herangezogen wird.

Aktenpläne orientieren sich idealerweise *nicht* an Aufgaben oder gar an der Struktur von Organisationseinheiten, sondern an Sachthemen. Das macht sie stabil.

Ein Kleingewerbebetrieb wird ohne Aktenplan auskommen können, eine sehr kleine Gemeindeverwaltung vielleicht auch, der Privathaushalt meistens. Dort reichen in der Regel beschriftete Ablagebehälter (Ordner, Mappen, Stehsammler).

Je mehr unterschiedliches Schriftgut aber anfällt oder je mehr Personen mit verschiedenen Aufgaben befaßt sind, desto eher wird der Aktenplan zweckmäßig. Ein Muß ist er immer dann, wenn eines oder mehrere dieser Kriterien zutreffen:

- Dokumente lassen sich weder rein alphabetisch noch numerisch logisch so zuordnen, daß sie *leicht* wiederzufinden sind.
- Dokumente können nach mehreren Kriterien abgelegt werden.
- Es fallen größere Mengen an Unterlagen an, die aufbewahrt werden müssen.
- Mehrere Mitarbeiter müssen auf eine Ablage zugreifen.
- Es gibt eine zentrale Ablage für mehrere Abteilungen bis hin zum ganzen Unternehmen.

Das Prinzip des Aktenplans nach Sachthemen kann sogar für ein Privatarchiv sinnvoll sein, besonders mit Blick auf die ersten beiden Punkte der Aufzählung.

Wenn ein Aktenplan ausschließlich für eine OE einer Behörde gültig ist, wird er als *Teilaktenplan* bezeichnet. Gilt der für die ganze Behörde, spricht man vom *Gesamtaktenplan*.

Der *Einheitsaktenplan* wird in mehreren Behörden benutzt. In der DDR wurde der Einheitsaktenplan auch als Rahmenaktenplan bezeichnet.

Analog gilt die Struktur Teil-/ Gesamt-/ Einheitsaktenplan für große Wirtschaftsunternehmen. Eine Struktur ist ja nicht für Behörden reserviert, sondern ein allen frei zur Verfügung stehendes Prinzip.

Ein guter Aktenplan muß *vor* seiner Aufstellung sorgfältig durchdacht sein, damit er später möglichst wenig geändert zu werden braucht und dadurch langlebig wird. Deshalb sollte er dem Sachprinzip und nicht dem Organisationsaufbau und schon gar nicht der Aufgabenverteilung folgen.

In stark untergliederten Organisationen kann gerade bei Anwendung von Gesamt- oder Einheitsaktenplänen das gleiche Aktenzeichen mehrfach vorkommen, etwa wenn die Ordnungsämter von A-stadt, B-hausen und C-heim je besonders ihre Akten zur Hundehaltung führen oder wenn die Filialen eines Unternehmens an jedem Standort Akten zum Arbeitsschutz vorhalten. Die *Struktur* des Aktenplans bleibt erhalten, ein Hauptunterscheidungsmerkmal ist hier die „aktenführende Stelle“, die *vor* dem Aktenzeichen genannt wird.

Dieses *Provenienzprinzip* begegnet uns später im Archiv wieder.

Aufbau von Aktenplänen – Allgemeines

Aus einer Hierarchie von Haupt- Ober-, Mittel- und Untergruppen wird das Aktenplan*kennzeichen* gebildet, das eine bestimmte Gliederungsstufe im Aktenplan bezeichnet. Manchmal werden einzelne Stufen *nicht* verwendet, sie fehlen dann einfach im Aktenplan. So ist zum Beispiel die Mittelgruppe verhältnismäßig selten.

Die Betreffseinheit oder Aktenplan*position* ist die niedrigste Gliederungsstufe des Akten*plans*. Ihre Bildung sollte nicht unterschätzt werden. Besonders die *Stabilität* des Aktenplans ist hier im Blick zu behalten, und die Bezeichnungen sollten entsprechend gewählt werden – hinreichend allgemein.

Andererseits sind auf dieser Ebene auch am ehesten spätere Änderungen möglich. Für die Bildung der Betreffseinheiten sind folgende Überlegungen zweckmäßig:

- Vorrang hat die *Übersichtlichkeit*. Zu viele Aktenplanpositionen machen den Aktenplan unübersichtlich, zu wenige führen zu einer Überlastung des Aktenverzeichnisses, weil dann zu einer Betreffseinheit zu viele Einzeltitel existieren.
- Für Betreffseinheiten sind relativ allgemein gehaltene Begriffe günstig, denn sie machen es möglich, hierarchisch *darunter* speziellere Aktentitel festzulegen.
- Betreffseinheiten sollten nicht Aufgaben nennen, sondern die Objekte, an denen Aufgaben verrichtet werden.
  Beispiel: nicht „Besprechungen zu Immobilienkäufen“, sondern „Immobilienkäufe“.

- Soweit möglich, sollte das zu erwartende Aktenaufkommen berücksichtigt werden. Leerpositionen sind zu vermeiden.
- Unter jeder Betreffseinheit können mehrere Akten gebildet werden, deshalb sollte ein Aktenplan nicht so tief unterteilt werden, daß schon die Aktentitel im Aktenplan erscheinen. Die einzelnen Aktentitel nachzuweisen, ist Aufgabe des Akten*verzeichnisses*, nicht des Aktenplans.
- Ableitungen (siehe unten) sind zusätzlichen Gliederungsebenen oft vorzuziehen, das wirkt einer Überfrachtung des Aktenplans entgegen und hält ihn stabil.

Eine weitere Unterteilung *unterhalb der Betreffseinheit* ist oft nötig. Sie heißt *Ableitung* und ist nicht mehr direkter Bestandteil des Aktenplans. Dieser gibt nur die Systematik vor.

Ableitungen sind dann zweckmäßig, wenn zu einer Betreffseinheit sehr viel Schriftgut anfällt, das nach *formalen* Merkmalen weiter untergliedert werden kann, beispielsweise bei Fallakten durch eine Numerierung oder bei Korrespondentenakten durch den Namen oder bei regional untergliederten Akten durch ein Bundesland, einen Kreis oder eine Stadt.

Wird das Ableitungsmerkmal von außen vorgegeben (Name, Geburtsjahr, Land), führt das zum *geborenen* Aktenzeichen; ist es durch die aktenführende OE selbst gewählt, entsteht daraus ein *gekorenes* [10] Aktenzeichen.

Ableitungen sind flexibler als eigene Betreffseinheiten. Sie können verändert werden, ohne daß der Akten*plan* instabil wird.

---

[10] zu Kür = Wahl (z. B. im Sport im Gegensatz zur Pflicht) und küren = wählen; Perfekt-Partizip Passiv: gekoren. Vgl. a. Kurfürst, Kurpfalz.

Man unterscheidet zwischen festen und freien Ableitungen.

Feste Ableitungen sind in der Regel vorher als Möglichkeit im Aktenplan vorgegeben, zum Beispiel nach Bundesländern

123.45 = Zusammenwirken mit anderen Bundesländern

123.45-BY

oder im alphabetischen Aktenplan nach Betreffseinheit + Jahr + Monat + laufender Nummer

Rfz 1501 001 (Jahr [20]15, Monat 01, Fall 001)

Rfz 1505 456 (Jahr [20]15, Monat 05, Fall 456)

oder alphanumerisch nach Betreffseinheit + Jahr + Weltteil

St = Statistik

St 3 = Statistik Verkauf

St 3 / 2014-Europa

Optische Neugestaltung von Aktenzeichen

Der Aktenplan ist unabhängig von seiner Systematik auch Basis für elektronische Vorgangsbearbeitungssysteme. Wegen einiger Besonderheiten der EDV sind hier die optischen Möglichkeiten der Untergliederung etwas eingeschränkt.

Eine Reihe von *Sonderzeichen* wurden und werden bei der Schreibung von Aktenplankennungen und Aktenzeichen verwendet:

- **Bindestrich -** = Trennzeichen zwischen Aktenplankennzeichen und Ableitung; bei Aktenzeichen auch als Trennzeichen vor der Ordnungsnummer der Sondersachakte
- **Schrägstrich** / = Trennzeichen zwischen Aktenplankennzeichen und Ordnungsnummer der Akte beim Aktenzeichen

- **Punkt .** = Trennzeichen zwischen Ziffergruppen im Aktenplankennzeichen (nicht zu empfehlen); vereinzelt auch Trennzeichen zwischen Aktenplankennzeichen und Ableitung; bei Aktenzeichen auch als Trennzeichen vor der Ordnungsnummer der Sondersachakte
- **Zwischenraum** Leerzeichen hauptsächlich zwischen Buchstaben und Ziffern bzw. Zifferngruppen zur besseren Lesbarkeit des Aktenplankennzeichens
- **Raute #** = Trennzeichen zwischen Aktenzeichen und Vorgangsnummer

Im Aktenplan sollte, soweit wie irgend vertretbar, auf Sonderzeichen verzichtet werden, da diese die Kennungen unübersichtlich machen und die elektronische Suche erschweren können.

In Verwaltungen, in denen solche Schreibweisen traditionell verwendet wurden, werden sie im Zuge der Überarbeitung von Aktenplänen im Vorfeld der Einführung elektronischer Akten abgeschafft.

Praxistip: Wo nötig, kann man sich zur Vermeidung von Leer- und Sonderzeichen zumindest mit der Verwendung des Unterstrichs _ anstatt des Leerzeichens und ansonsten mit der Durchkopplung mit Bindestrich behelfen. Das ist **sehr** zu empfehlen, auch wenn das System Sonderzeichen wie etwa den Punkt toleriert. Dieser Punkt steht z. B. in Windows-Systemen *nur scheinbar* dort, er wird dem Benutzer vorgegaukelt, im Hintergrund wird er aber durch gewisse Zeichenketten ersetzt. Probleme kommen auf, wenn Dateien komprimiert oder in andere Betriebssysteme übertragen werden; dann werden mitunter Dateinamen an dieser Stelle „abgeschnitten“, und die Dateisuche wird stark erschwert oder ganz unmöglich gemacht.

Vermeiden Sie Leer- und Sonderzeichen in Dateinamen!

Aufbausysteme von Aktenplänen – numerisch, alphanumerisch, alphabetisch

Am weitesten verbreitet sind hierarchische Aktenpläne mit rein numerischem Aufbau aus Haupt- und Obergruppen, Gruppen und Untergruppen (Dezimalklassifikation). Das ist inhaltsneutral, das heißt, aus dem Aktenzeichen läßt sich *nicht unmittelbar* auf den Inhalt schließen. Wo sie unnötig sind, können auch hierarchische Ebenen fehlen, zum Beispiel die Untergruppen.

Werden Gruppen, meist die Hauptgruppen, statt numerisch mit Buchstaben bezeichnet, ergibt sich ein alphanumerischer Aktenplan. Das ist ein Zwischenschritt zum „redenden Aktenzeichen", denn der Buchstabe enthält in der Regel eine Merkhilfe, einen Hinweis auf das Sachthema, sei dieser auch noch so verblaßt oder versteckt.

Die seltenste Form des Aktenplans – aber auch die mit der stärksten Tendenz zum „Reden" des Aktenzeichens – ist die alphabetische. Hier dominiert das Gegenteil der inhaltsneutralen Zahl, denn der Buchstabe ist die Merkhilfe und weist gerade dadurch auf den Inhalt der Akte.

Die Wahl des alphabetischen Aufbauprinzips könnte damals folgenden Überlegungen gefolgt sein:

„Die Ansicht, das Nummern-System erlaube einen beliebig reichhaltigen Stoff zwangsläufig zu unterteilen, ist ein Irrtum. Zudem ist die zehnteilige Zahlenreihe eine viel schmalere Unterteilungsgrundlage als die 26teilige ABC-Reihe, wie aus folgender Vergleichsrechnung hervorgeht:

	Obergruppe		Gruppe		Untergruppe
Zahlen	0 bis 9 = **10 Teile**	• 10	= **100 Teile**	• 10	= **1.000 Teile**
Buchstaben	A bis Z = **26 Teile**	• 26	= **676 Teile**	• 26	= **17.576 Teile**

Die ABC-Reihe besitzt in der dritten Stufe schon die 17 ½ fache Dehnbarkeit gegenüber der zehnteiligen Zahlenreihe. Hinzu kommt noch folgendes: sicht-, schreib- und sprechbare Groß- und Kleinzahlen gibt es nicht, wohl aber Groß- und Kleinbuchstaben. Bei Häufung gleicher Anfangsbuchstaben kann man hinzukommende Stoffteile durch Kleinbuchstaben einschalten oder klar unterscheiden, ohne die Gruppe zu durchbrechen. Bei Zahlen ist das unmöglich.

Zwingt der Stoffreichtum, bei Zahlen über die 10 hinauszugehen, so muß man schon bei nur 11 Teilen die übrigen 9 Einer sperren oder durch eine tote Null andeuten, und wegen dieser einen Sprengung der engen Zehnerreihe das Zeichen um eine Stelle größer machen, als es bei Buchstaben nötig wäre.

Nach diesen Darlegungen könnte man annehmen, daß Zahlen für die Schriftgutablage überhaupt nicht als zweckmäßig anzusehen seien. Das trifft nicht zu. Man sollte sie aber nur dort benutzen, wo ihre Verwendung natürlich ist, d. h. sich aus der Natur der Sache oder der besten Zweckerfüllung ergibt." [11]

Der alphabetische Aktenplanaufbau hat sich zum Beispiel um 1907 bei den Bayerischen Eisenbahnen herausgebildet,

[11] Breiter, S. 63 f

wurde ab 1920 von der Deutschen Reichsbahn-Gesellschaft, dann 1937 von der Deutschen Reichsbahn übernommen und weiterentwickelt und nach dem Krieg von der Deutschen Bundesbahn fortgeführt (die Deutsche Reichsbahn in der DDR folgte dagegen dem numerischen Rahmenaktenplan des zentralgeleiteten Verkehrswesens).

Die Fallakten an deutschen Gerichten folgen ebenfalls einem alphabetischen Aktenplan, während die allgemeinen Akten der Justizverwaltung (Generalakten) einem numerischen Aktenplan unterliegen.

In der deutschen Finanzverwaltung gibt es einen alphanumerischen Aktenplan.

Farben in der Ablage – nicht im Aktenplan!

Zur übersichtlichen Gestaltung der Ablage können Farben sehr zweckmäßig sein, etwa durch farbige Rückenschilder von Ordnern oder die Farbe ganzer Schriftgutbehälter. Die Festlegungen dazu gehören aber in die Registraturanweisung, nicht in den Aktenplan.

Wenn es zum Beispiel heißt: „Akten der Hauptgruppe A kommen in rote, der Hauptgruppe B in grüne Mappen“, ist das eine Sache der konkreten örtlichen Ausgestaltung – nicht der sachlichen Systematik des Aktenplans.

Man denke etwa daran, daß ein Unternehmen mit Gesamtaktenplan in 4 Ländern und 20 Niederlassungen jeweils eigene Registraturen unterhält. Schon verschiedene Ablageformen und Schriftgutbehälter würden die Farbfestlegungen auf der Aktenplanebene eher zu stark einengend als hilfreich werden lassen.

Alphabetischer Aufbau – Beispiel

Auszug aus dem Aktenplan der Deutschen Bundesbahn von 1954:

F Fahrzeuge für den Schienen- und Straßenverkehr

Akteninhalt	Aktenzeichen
1 Lokomotiven	
Lokomotiven, Allgemeines	Fl
Betriebsbücher, Kesselakten für Lokomotiven	Flb
Dampflokomotiven	Fld
Ersatzstücke für Dampflokomotiven	Flde
Induktive Zugbeeinflussung	Fldi
Lokomotivkessel	Fldk
Laufwerk	Fldl
Rahmen	Fldr
Sondereinrichtungen (Heizung, Schmierung, Läutewerk usw.)	Flds
Lokomotivtender	Fldt
Elektrische Lokomotiven	Fle
... [weiter durch vierten Buchstaben wie oben, z. B. Flee usw.]	
Kleinbahnlokomotiven	Flk
Diesellokomotiven (Motorlokomotiven)	Flm
... [weiter durch vierten Buchstaben wie oben, z. B. Flme usw.]	
Schmalspurlokomotiven	Fls
Lokomotivdienst siehe unter Zl	
t Triebwagen	

weiteres Beispiel für alphabetischen Aktenplanaufbau:

Die Aktenpläne für *Fallakten* der deutschen Justiz sind ebenfalls alphabetisch aufgebaut. Die Ziffern hinter den Buchstaben der Aktenzeichen geben – als Ableitungszeichen – lediglich die laufende Nummer und das Jahr an. Vor der laufenden Nummer und dem durch Schrägstrich abgeteilten Jahr bedeuten

am Amtsgericht

B Mahnsachen
Bs Privatklagen
K Zwangsversteigerungen

am Landgericht

O Allgemeine Zivilsachen
Ps Berufung in Privatklagesachen
S Berufung in Zivilsachen

am Oberlandesgericht

U Berufung in Zivilsachen
UH Anträge außerhalb anhängiger Berufungsverfahren
Vs Revisionen in Privatklagesachen

bei der Staatsanwaltschaft

Hs Zivilsachen
Js Strafsachen
Ks Strafsachen vor dem Schwurgericht
Ns Berufung in Strafsachen

So ist zum Beispiel *„StA A-hausen Js 123/2014“* die 123. Strafsache der Staatsanwaltschaft A-hausen im Jahre 2014, während das Aktenzeichen *„LG X-Stadt Ps 22/2012“* eine Berufung aus dem Jahre 2012 in Privatklagesachen am Landgericht X-Stadt eindeutig kennzeichnet.

Daß Verweise auf die jeweiligen Vorakten unerläßlich sind, liegt auf der Hand, denn die einzelnen OE der Justiz folgen selbstverständlich *ihren eigenen* Befürfnissen bei der Schriftgutverwaltung. Die Strafkammer eines Amtsgerichts könnte das Aktenzeichen der Staatsanwaltschaft nicht übernehmen, ohne *ihre eigene* Registratur durcheinanderzubringen, und das Berufungsgericht kann sich für *seine* organisatorischen Zwecke ebensowenig der Systematik der Vorinstanz bedienen.

Dieses Verweissystem zieht sich bis in die juristische Fachliteratur hinein – und ist doch erfreulich logisch und nachvollziehbar, wenn man sich erst einmal damit befaßt hat.

Veröffentlichung der Aktenpläne von Behörden

Nach dem „Informationsfreiheitsgesetz vom 5. September 2005 (BGBl. I S. 2722), das durch Artikel 2 Absatz 6 des Gesetzes vom 7. August 2013 (BGBl. I S. 3154) geändert worden ist" sind *Bundes*behörden verpflichtet, ihre Organisations- und Aktenpläne allgemein zugänglich zu machen, soweit sie keine personenbezogenen Daten enthalten.

Etliche Behörden haben ihre Aktenpläne inzwischen auch ins Internet gestellt. Wer vor der Aufgabe steht, selbst einen Aktenplan gestalten zu müssen, kann dort wertvolle Anregungen finden.

Das Bundesarchiv hat hilfreiche allgemeine Hinweise für die Aufstellung von Aktenplänen im Internet veröffentlicht.[12]

[12] siehe Quellenverzeichnis Internetquellen, Nr. 3

Alphanumerischer Aufbau - Beispiel

Auszug aus dem Aktenplan der Finanzverwaltung:

0 **Organisations- und Verwaltungsangelegenheiten**

0 1 **Gemeinsame Organisations- und Verwaltungsangelegenheiten**

0 10 **Allgemeines**

0 1000 Allgemeine Angelegenheiten

0 1002 Organisationsfragen im Zusammenhang mit dem Aufbau der Finanzverwaltung in den neuen Ländern

0 1003 Allgemeine Verwaltungsfragen zum Aufbau der Bundesrepublik

0 1006 Aufgaben, Organisation und Aufbau der Behörden

0 1008 Organisatorische Angelegenheiten im Zusammenhang mit neuen Gesetzen, Verordnungen und Verwaltungsanweisungen

*[Anm. d. Verf.: Die hier nicht genannten Aktenplankennzeichen, etwa O 1004 und O 1007, sind als „Vorakten" (ohne Titelnennung) gesondert ausgewiesen. Details zu diesen sind natürlich nur im Akten*verzeichnis *finden.]*

...

S **Bundes- und Landessteuern**

S 0 **Abgabenordnung 1977; Steuerberatungsrecht**

S 00 **Material zur Abgabenordnung (AO 1977); Verwaltungsangelegenheiten**

S 000 **Rechtsgrundlagen**

S 0001 Abgabenordnung (AO 1977)

S 0002 Einführungsgesetz (EGAO)

S 0003 Anwendungsgesetze der Länder

Numerischer Aufbau - Beispiel

Auszug aus dem Aktenplan der Berliner Polizei:

09 Ordnungsaufgaben auf dem Gebiet des Gewerberechts, des Waffen-, Jagd- und Sprengstoffwesens, Aufgaben der Verwaltungsbehörde im Sinne des § 35 OWIG, sonstige Polizeiaufgaben

090 Ordnungsaufgaben auf dem Gebiet des Gewerberechts

091 Verfolgung bzw. Aufklärung sonstiger Ordnungswidrigkeiten in gewerberechtlicher Hinsicht/ sonstige

092 Ordnungsaufgaben auf dem Gebiet des Waffen-, Jagd- und Sprengstoffwesens

093 Sperrzeitregelung für einzelne Schank- und Speisewirtschaften, Verkehr mit Giften und giftigen Pflanzenschutzmitteln

...

091 Verfolgung bzw. Aufklärung sonstiger Ordnungswidrigkeiten in gewerberechtlicher Hinsicht/ sonstige

0910 Überwachung bestimmter Gewerbebetriebe

09100 Gaststätten/ Nachtbars

09101 Spielhallen/ Spielkasinos

09102 Metallhändler

Besonders vorbildlich ist bei diesem Aktenplan der Teil „alphabetischer Aktenplan“ = das Schlagwortregister zur Rückwärtssuche

„Tag der offenen Tür“	00845
(besonders) beschleunigtes Verfahren	06254
§§ 1-74 BAT/ BAT-O	01401
ABC-Gerät	0434
ABC-Kennzeichnungsgerät	04342
ABC-Schutz und Taucherarztgehilfen	02998

Praktische Arbeit an Vorgang und Akte

Aktendeckel und „Verwandte“

Während der Bearbeitung haben sich einfache Aktenmappen (auch Aktendeckel, Umlaufmappen oder Wegweisermappen genannt) bewährt.

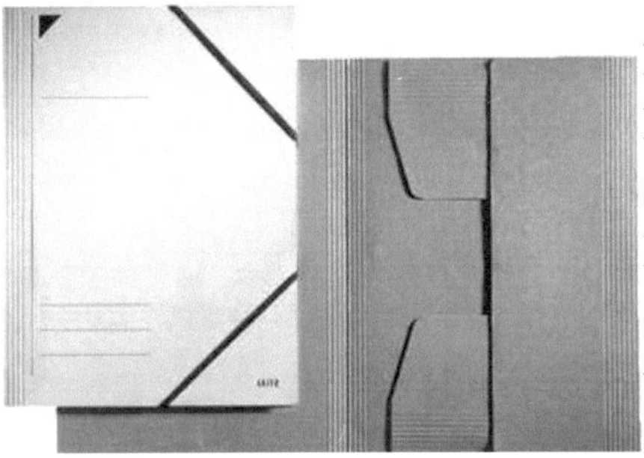

Eine besondere Form ist die Dreiflügelmappe, auch als Umschlagmappe bekannt, weil sie Flügel umgeschlagen werden, die ein Herausfallen von Blättern verhindert, z. B. während des Transports.

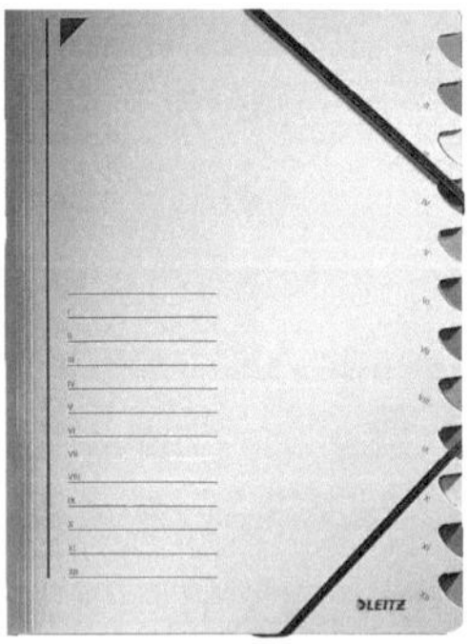

Auch sogenannte Eckspannermappen sind gebräuchlich. Es gibt einfache und solche mit innerer Unterteilung. Dann werden sie auch als Ordnungsmappen bezeichnet.

Mappen trennen die Stapel der verschiedenen Vorgänge und können – zum Beispiel mit dem Aktenzeichen – beschriftet werden (mit Bleistift, das macht sie wiederverwendbar). Gleichzeitig geben sie genug Möglichkeiten, die lose liegenden Einzeldokumente und -belege je nach Bearbeitungsschritt logisch umzusortieren.

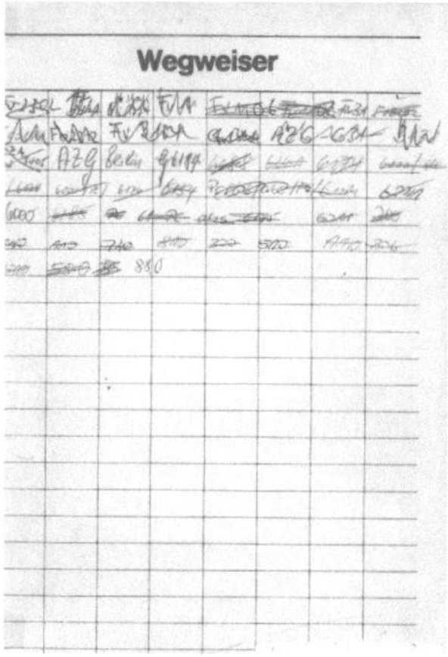

Wegweisermappen werden verwendet, wenn Vorgänge an andere Bearbeiter oder OE weitergeleitet werden müssen.

In der Regel sind es *einfache* Mappen, also solche ohne Zwischenlagen, denn normalerweise befindet sich nur ein Vorgang darin. Auf dem Deckel ist ein Raster aufgedruckt, in das der Empfänger der Mappe (in geübten Verwaltungen nur mit dem Arbeitsanteil oder OE-Kürzel) im letzten freien Feld eingetragen ist.
Ist er mit der Bearbeitung fertig, streicht er seine „Adresse“ durch und schreibt die nächste in das folgende freie Feld.
Alternativ kann bei Mehrfachbeteiligung, Umläufen od. dgl. eine

Reihe von Feldern in der Bearbeitungsreihenfolge bereits vom absendenden Sb festgelegt werden. Nach der Bearbeitung streicht sich der jeweilige Sb aus der Leiste aus und gibt die Mappe an den Botendienst, der sie zum Sb mit der nächsten – noch nicht ausgestrichenen – „Adresse“ bringt. Die Mappe ersetzt dabei den Hauspostumschlag (der auch so ein Raster enthält).
Die Bearbeitung endet in der Regel mit der „z. d. A.“-Verfügung, und dann folgen Entnahme aus der Mappe, Endsortierung (kaufmännisch oder bibliothekarisch), gegebenenfalls Ergänzung mit Vorblatt, Aktenspiegel oder dergleichen, Fixierung und als letzter Schritt Überführung in die Ablage.

Vorordner und Pultordner, Ordnungsmappen

Während der Bearbeitung kann die vorübergehende Unterbringung der Vorgänge in Vorordnern oder Pultordnern (Ordnungsmappen) zweckmäßig sein. Bilder sagen hier mehr als Worte:

Vorordner haben beim halbkreisförmigen, fächerartigen Aufschlagen Seitenbegrenzungen, die ein Herausfallen des Schriftgutes verhindern. Sie können mit A–Z-Fächern, mit 12 Monatsfächern oder für einen Monat mit 31 Tagesfächern vorkommen.

Mit gleicher Teilung, aber ohne die Sperre gegen Herausfallen von Schriftgut, gibt es *Pultordner*. Sie sind zum Beispiel für die Aufbewahrung von Wiedervorlagen bestens geeignet.

Die „kleinere Schwester" des Pultordners, manchmal die modernere

Form, ist die *Ordnungsmappe*. Sie ist heute meist aus starker farbiger Pappe oder aus farbigem Kunststoff und oft mit nur fünf bis zwölf Fächern gefertigt; Tages- oder Monatsteilung sind aber ebenso lieferbar. Löcher oder Schlitze lassen auf den ersten Blick erkennen, ob Mappen leer oder

gefüllt sind. Gelegentlich sind sie als Eckspannermappen ausgeführt.

Die Zwischenwände von Vor- und Pultordnern und Ordnungsmappen bestehen aus festem, glattem, strapazierfähigem Papier, Karton oder Pappe oder aus Kunststoff – im Gegensatz zu den viel weicheren Trennblättern bei Unterschriftsmappen.

Unterschriftsmappen

Unterschriftsmappen dienen nicht dem Ordnen oder gar dem Aufbewahren von Unterlagen, sondern sie werden nur kurz zur Vorlage beim Unterschriftsberechtigten benutzt.

Zwischen den festen Außendeckeln aus starker Pappe oder Kunststoff befinden sich die Fächer für zu unterzeichnende Ausgänge. Weil auch heute noch gern mit Tinte unterschrieben wird, sind die Zwischenlagen meist weich und samtig oder löschpapierartig, um ein Verschmieren der frischen Unterschrift zu verhindern.

Außerdem sind die Trennblätter in der Regel groß gelocht, damit keine Dokumente übersehen werden können.

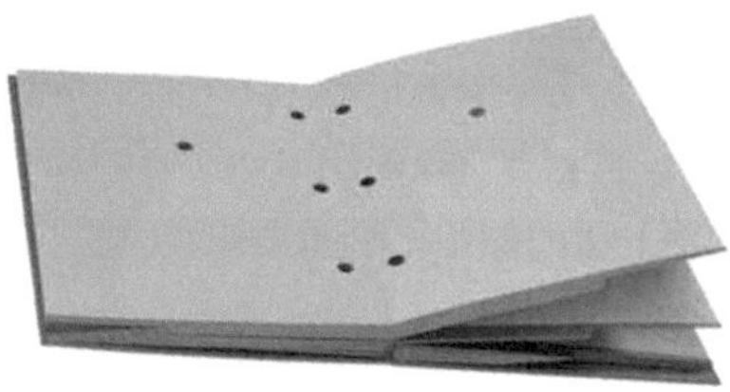

Vor dem Ablegen: Unnötiges vernichten

Bei der Sachbearbeitung fällt meist Zwischenmaterial an, das am Ende *nicht* zur Akte genommen werden muß. Je nach Vertraulichkeit gehört es in den Papierkorb, in spezielle Altpapierbehälter oder in den Aktenvernichter.

Was im Papierkorb landet, kann jeder lesen – also muß es unkritisch genug sein, daß es auch jeder lesen darf.

Etwas besser gegen unbefugte Einsichtnahme geschützt sind solche Behälter, die von zertifizierten Unternehmen zur Verfügung gestellt werden. Meist sind sie verschlossen oder können zumindest zur Abholung verschlossen werden. In diese Behälter gehört das Material, das zwar niemanden außerhalb der eigenen OE etwas angeht, bei dem aber ein mittlerer Schutz ausreicht.

Vertrauliche nicht mehr benötigte Unterlagen sollten dagegen durch die Sb selbst vernichtet werden. Das sind zum Beispiel solche Papiere, die personenbezogene Daten, Geschäfts- oder Betriebsgeheimnisse und dergleichen enthalten.

Zu ihrer Vernichtung gibt es heutzutage preiswerte Aktenvernichter in verschiedenen Sicherheitsstufen. Umgangssprachlich nennt man sie Reißwolf oder Schredder.

Die einfachsten und billigsten Modelle zerkleinern das Papier zu Streifen; die besseren, auch teureren, haben Partikelschnitt. Dabei wird das Papier in Schnipsel von wenigen Millimetern Kantenlänge geschnitten. Dies gilt als recht sicher. Moderne Geräte haben auch einen besonderen Einzugsschlitz für Datenträger wie Kreditkarten, CD oder DVD und auch einen gesonderten Auffangbehälter für die Datenträgerreste.

Solche Aktenvernichter sind inzwischen bezahlbar, und selbst im Privathaushalt können sie gute Dienste leisten. Ob nun alte Kontoauszüge, Rechnungen oder Steuerbescheide, adressierte Werbung oder persönliche Briefe – das alles gehört nicht unzerkleinert in die Papiertonne, die gelegentlich schon mal von neugierigen Fremden durchwühlt wird, sondern in den Reißwolf. Diese Anschaffung lohnt sich daher auch privat.

Die kleineren Büro-Aktenvernichter sind für wenige Blätter und *nicht für den Dauergebrauch* gebaut, sie müssen nach einigen Minuten Arbeit erst wieder auskühlen.

Es empfiehlt sich auch sehr, vor dem Schreddern die Tackernadeln, Briefklammern und ähnliche Metallteile zu entfernen, selbst wenn das Gerät als „büroklammerfest" deklariert ist. Das kann die Lebensdauer des Schneidwerks deutlich erhöhen.

Die Sicherheitsstufen sind in der DIN 66399 definiert und reichen von P-1 (Streifenschnitt maximal 12 mm, Streifenlänge nicht begrenzt) bis P-7 (Partikelschnitt, maximal 1,0 × 4,7 mm; z.B. für Datenträger mit streng geheim zu haltenden Daten, wenn höchste Sicherheitsvorkehrungen einzuhalten sind).

Große Papiermengen, wie sie zum Beispiel nach der Aussonderung von Altakten anfallen, werden „mit großem Gerät" sicher zerstört. Das geschieht dann aber in der Regel außerhalb durch Spezialbetriebe.

Ablage- und Sortierkonventionen

Auf handelsüblichen Schnellheftern findet sich mitunter der Aufdruck „Bei Amtsheftung ist diese Seite oben". Das hat nichts damit zu tun, ob der Hefter von einem Amt, einem Unternehmen, einem Schüler, Lehrling oder Studenten benutzt wird. Es zeigt nur eine grundsätzliche Sortierkonvention an. Man unterscheidet die Amtsheftung und die kaufmännische Heftung.

Amtsheftung

Amtsheftung
(Bibliothekarische Sortierung)
Neuestes Dokument hinten

Die Amtsheftung oder Behördenheftung ist die ältere, mitunter wird sie Buchablage oder bibliothekarische Sortierung genannt, ganz vereinzelt findet sich der Begriff Linksheftung. Sie stammt aus der Zeit, als Akten nach Abschluß noch genäht wurden, so wie auch gute Bücher gebunden werden. Die Namen deuten es an, hier liegt das älteste Dokument (in der Regel der erste Eingang) oben, die weiteren Dokumente kommen in der Zeitfolge dahinter.

Selbstverständlich können Deckblatt, Inhaltsverzeichnis oder Aktenspiegel, die naturgemäß die allerjüngsten Blätter sind, *davorgeheftet* sein. Das ändert aber nichts an der Blattfolge im Aktenkörper.

In Büchern, besonders in älteren wissenschaftlichen Werken im Bleisatz, sind oft Widmung, Inhaltsverzeichnis, Vorwort usw. mit römischen Zahlen numeriert, während der Hauptteil des Buches arabische Seitenzahlen hat. Das folgt demselben Prinzip: zuerst sachlichen Rumpf erstellen, dann den sortierenden und erläuternden Teil *davor*binden.

Dem Vorteil der streng zeitlichen Reihenfolge, mit der man den Bearbeitungsgang gut nachvollziehen kann, steht der Nachteil gegenüber, daß der Sachstand nur durch Blättern feststellbar ist.

Auch in Wirtschaftsunternehmen kann die Amtsheftung zweckmäßig sein, beispielsweise in Organisations- oder Grundsatzangelegenheiten.

Industrieheftung

Kaufmännische Sortierung
Neuestes Dokument oben

Die andere Form ist die kaufmännische Heftung, auch als Industrieheftung bezeichnet, bei der das älteste Dokument unten liegt und die den neuesten Stand schon beim Aufblättern erkennen läßt.

Allerdings folgen mehrseitige Dokumente mit ihren dahintergehefteten Anlagen „in sich“ wiederum der Buchablage.

Anwendungsbeispiele für die Industrieheftung sind etwa Kundenakten: auf die Belege der älteren, abgeschlossenen Geschäfte muß nicht mehr so oft zugegriffen werden; hier ist es zweckmäßiger, die neuen, offenen Vorgänge ohne viel Blättern schnell zur Hand zu haben.

Auch in Behörden kann die kaufmännische Ablage zweckmäßig sein, z. B. bei personenbezogenen Steuerakten.

Analoge Anwendung des Prinzips

Werden viele Einzelakten, etwa numerisch geordnete Fallakten, am Ende zur liegenden Ablage in Kartons einsortiert oder zu Bündeln verschnürt, ist die Anwendung analog: Amtsablage oder bibliothekarische Sortierung = *aufsteigend sortiert* (kleinste Nummer oben), Industrieablage oder kaufmännische Sortierung = *absteigend sortiert* (größte Nummer oben).

Praxistip

Der Verfasser sortiert zum Zurücklegen in die Altablage seine Fallakten kaufmännisch in die Kartons, in denen das Druckerpapier geliefert wird. So können in einen Karton (ca. 30 cm hoch) die Akten mehrerer Monate passen. Um bei späterem Zugriff die Suche zu erleichtern, werden nun die einzelnen Monatsstapel gegeneinander „über Kopf" um 180° gedreht. Das hat außerdem den Vorteil, daß die meist oben links sitzenden Heftklammern oder -fäden nicht den ganzen Papierstapel steigen lassen, sondern daß sich diese Erscheinung verteilt. Liegen also von unten nach oben Akten aus April, Mai und Juni und wird eine Akte aus Mai gesucht, kann der Junistapel unbesehen auf die Seite gelegt werden, um dann die darunterliegenden Akten aus dem Mai durchzusehen.

Exakt übereinandersitzende Fixierungen sind bei der Verwendung von Heftstreifen oder bei der badischen Heftung unvermeidlich, weil die Löcher immer an derselben Stelle sitzen. Das verdickt an dieser Stelle die Einzelakte, und beim Übereinanderlegen mehrerer Akten wird der ganze Stapel an dieser Stelle dicker, man nennt es: er steigt.

Bei relativ dünnen, getackerten Papierstapeln läßt sich dem ein wenig entgegenwirken, indem die Tackernadeln *gerade nicht* präzise immer an der gleichen Stelle plaziert werden. Hier kann eine *scheinbare* Willkür beim Heften (mal sitzt die Klammer schräg, mal gerade zur Papierkante) beim Platzsparen helfen: der Papierstapel steigt nicht so stark.

Sowohl in Stehordnern als auch in Ablagekartons lassen sich auf diese Weise ein paar Vorgänge oder Akten mehr unterbringen.

Numerieren: foliieren (Blätter zählen), paginieren (Seiten zählen); technische Hilfen

Wenn die Akten ablagereif sind, das heißt auch von nicht mehr benötigtem Zwischenmaterial befreit, ist eine Vollständigkeitskontrolle oft vorgeschrieben, zweckmäßig oder erwünscht. Das heißt ganz praktisch: zählen und das Ergebnis sichtbar machen.

Als Oberbegriff haben wir - vom lateinischen *numerus* (Zahl) bzw. *numerare* (zählen) abgeleitet - die Numerierung für eine Zählung. Das englische *[to] number* (zählen, Zahl) und das französische *numeroter* (zählen) leiten sich auch davon ab, und ebenso das französische *numéro* (Zahl). Dem letzteren verdanken wir die Schreibweise n° und das Sonderdruckzeichen №.

Vom lateinischen *folium* (Blatt) stammt das Folioformat der Druckbögen und die daraus gebunden Folianten (ganz grob: etwa Din A 3) und als Tätigkeit das Foliieren = das Blätterzählen.

Das lateinische *pagina* (Seite) wiederum hat zum Verb paginieren (Seiten zählen) geführt, der Engländer hat daher seine *page*.

Daher sind, streng genommen, Akten mit Blattzählung *foliiert*, während Bücher mit ihrer Unterscheidung nach Vorder- und Rückseite eines Blattes *paginiert* sind. Als Oberbegriff bleibt: die Blätter oder Seiten sind *numeriert*.

Es gibt technische Hilfen für diese Tätigkeit: französisch *numeroteur*, englisch *numbering machine*. Im Deutschen sollte man den weiter verbreiteten, üblicheren Begriff *Paginiermaschine* kennen, auch wenn man damit foliieren kann. Nummernstempel, Numeriergerät, Zahlenstempel oder dergleichen bezeichnen das Gerät auch zutreffend, die Begriffe werden aber etwas seltener gebraucht. Gewachsene Sprache ist eben nie ganz logisch.

Paginiermaschinen stempeln je nach Einstellung Zahlen ein- bis zwanzigmal, um dann zur nächsthöheren Nummer umzuschalten. Das mehrfache Stempeln derselben Nummer ist zum Beispiel für Durchschreibeblöcke zweckmäßig.

Standardpaginiermaschinen haben heute sechs Ziffernräder mit Antiqua- **123456** **567890** oder Groteskziffern, die Nullen können feststehend oder versenkbar sein. Feststehend heißt z. B. bei einer Paginiermaschine mit sechs Ziffernrädern, daß die Abdruck so immer mit sechs Stellen erfolgt, also 000098, 000099, 000100, 000101 usw. Sind die Nullen dagegen versenkbar, werden sie erst beim Wechsel auf die neue Zehnerpotenz von der Mechanik aus ihrer Versenkung geholt, das Druckbild sieht also so aus: 98, 99, 100, 101.

Bei den Geräten der einfacheren Bauart, also denen mit nicht versenkbaren Nullen, sind oft nur die letzten vier Stellen Bestandteil der Mechanik zum Weiterschalten, das heißt, die führenden Ziffern der Zehntausender- und Hunderttausenderstellen müssen mit der Hand weitergeschaltet werden. Das wird aber gern vergessen, denn bis zehntausend Stempelabschläge geschafft sind, vergeht einige Zeit. Folgt also auf eine 009999 nicht die erwartete 010000, sondern eine 000000, dann ist das wahrscheinlich kein Fehler, sondern bauartbedingt so vorgesehen.

Ältere Modelle haben mitunter ein feststehendes №-Zeichen, Sonderausführungen können neben dem eigentlichen Numerierwerk auch das Datum mit abdrucken wie hier gezeigt:

20.JAN.2023 ★ **123456**

oder eine Textplatte mit Verfügungsleiste oder ähnlichen Angaben tragen:

XYZ TRANSPORT
BROOKLYN, N.Y.

28.04.16 34567

Paginiermaschinen haben meist eine Unterschlagfärbung, das heißt, in Ruhestellung sitzt der Stempelfilz von unten auf den Ziffern und wird beim Abschlag angehoben, so daß die eingefärbten Ziffern – möglichst mit etwas Kraft und Schwung – auf das Papier gestempelt werden können.

Diese Technik hat wiederum Auswirkungen auf das Einstellen gewünschter Nummern, zum Beispiel nach dem Neutränken oder Austauschen des Stempelkissens oder beim Vorbereiten eines Nummernkreises. Man fixiere die Paginiermaschine in der Arretierstellung und stelle auf die Nummer *vor* der gewünschten, beim Lösen der Arretierung und Herstellen der Grundstellung holt sich die Mechanik dann die gewünschte Nummer für den nächsten Stempelabdruck.

Wichtig ist auch dies: in der Regel sind Paginiermaschinen mit Metallziffern versehen, und diese benötigen eine ölhaltige spezielle Paginierstempelfarbe. Sie dringt ins Papier ein und macht es praktisch unmöglich, den Abdruck spurenfrei zu entfernen. *Ölfreie Stempelfarben für Gummistempel beschädigen*

Paginiermaschinen und dürfen deshalb keinesfalls zum Tränken des Stempelfilzes verwendet werden.

Für moderne Paginiermaschinen gibt es austauschbare Unterschlag-Stempelkissen; das macht das etwas schmutzige Tränken des Filzes und das vorsichtige Einreiben der ölhaltigen Stempelfarbe mit Glas- oder Holzstab entbehrlich.

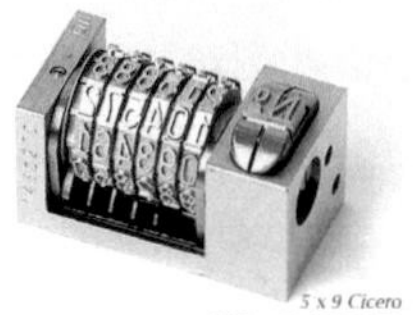

5 x 9 Cicero

№ 543210

№ 543210

In Druckereien gibt es ähnliche Hilfsmittel, wenn zum Beispiel nachweispflichtige Dokumente mit Kontrollnummern versehen werden sollen. Sie werden meist *Numeroteur* genannt. Aus technischen Gründen bedarf es zum Weiterschalten eines speziellen Bauteils, des *Plungers*. Dieser ist in der Regel als Stern, als (Serien-) Buchstabe oder als №-Zeichen gestaltet.

Für den Druck von Wertpapieren wie Banknoten oder Aktien haben die Spezialdruckereien eigens für sie geschnittene Ziffern in den Numeroteuren, die nicht im normalen Handel erhältlich sind. So läßt sich anhand der Kontrollnummer auf alten Geldscheinen oft noch die Druckerei feststellen.[13]

	1234567890	Security Banknote Company
Thomas de la Rue	1234567890	
	1234567890	Waterlow & Sons, später Thomas de la Rue
Waterlow & Sons	1234567890	
	1234567890	Bradbury, Wilkinson & Co.
Reichsdruckerei	1234567890	
	1234567890	Giesecke & Devrient
Giesecke & Devrient	123456789	
	1234567890	Österreichische Staatsdruckerei

[13] vgl. Rösler in DdS 3/2006, S. 12 f.

Perforiergeräte

Weniger zum Numerieren von Einzelschriftstücken als mehr zum Kenntlichmachen von mehreren Schriftstücken auf einmal dienen Perforiergeräte. Ein anderer Name dafür ist Nadelpresse.

Es gibt welche mit einer festen Textzeile (etwa „Bezahlt") und solche mit mehreren Zeilen, in denen sich das Datum und eine laufende Nummer einstellen lassen. So ist es zum Beispiel bei manchen Versicherungen üblich, die eingereichten und bezahlten Belege mit der Vorgangsnummer zu perforieren und zurückzureichen.

Der Verfasser hat im südeuropäischen Ausland gelegentlich Rechnungen oder Quittungen erhalten, die innerhalb des Blocks (für den Aussteller) numeriert waren und bei denen zusätzlich der ganze Block (wohl von der Finanzbehörde) mit einer Seriennummer perforiert war.

Manche Bestimmungen über öffentliche Ausschreibungen sehen vor, die Umschläge mit allen einliegenden Dokumenten vor dem Öffnen zu perforieren. Entsprechend robust müssen die Perforiermaschinen gebaut sein:

Das Lochen

Vor dem Ablegen kommt meist das Lochen. Dabei gibt es inzwischen viele Varianten und Hilfsmittel.

Bürolocher

Der Bürolocher wurde 1886 von dem Bonner Fabrikanten Friedrich Soennecken erfunden und seit Anfang des 20. Jahrhunderts von der Stuttgarter Firma Leitz hergestellt und verkauft.

In Deutschland ist die Lochung nach ISO 838 am weitesten verbreitet. Ausgehend von der Blattmitte, werden im Abstand von 80 mm (also je 40 mm nach oben und unten) Löcher von 6 mm im Abstand von 12 mm von der Blattkante gestanzt. Toleranzen sind zulässig, siehe Bild.

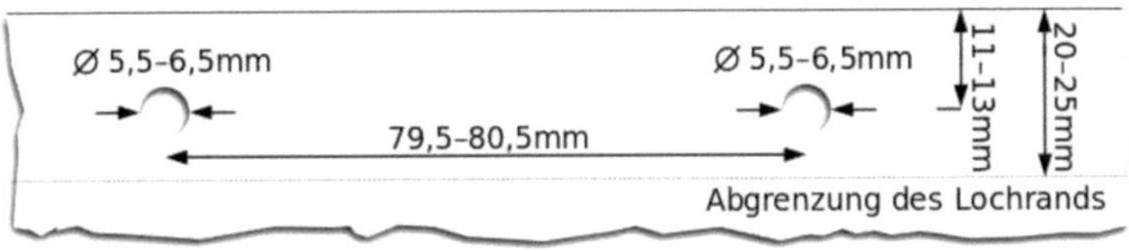

Kleinere Papierstapel (bis ca. 10 Blatt) lassen sich mit gewöhnlichen Bürolochern gut lochen.

Andere Lochabstände

Es gibt weitere Varianten der Lochung, z. B. durch Erweiterung auf vier Löcher jeweils im Abstand von 80 mm (quasi eine Erweiterung der ISO 838), als 888-Lochung bezeichnet und nicht offiziell standardisiert. Sie wird gern in Ringbüchern eingesetzt, weil der Papierstapel besseren Halt findet und einzelne Blätter beim häufigen Bewegen nicht so leicht ausreißen. Mit der „888-Lochung“ versehene Blätter passen ohne weiteres in ISO-838-Standardordner.

In Europa hat nur Schweden ein abweichendes System, dort verwendet man ein Vierlochsystem, das aus zwei Lochpaaren besteht. Die inneren Löcher liegen 70 mm auseinander und die äußeren um 21 mm weiter außen. Sie nennt sich Triolochung, hat aber nicht drei, sondern vier Löcher. Der Name stammt vom schwedischen *triohålning* ab, grob übersetzt: „Doppelloch durchgestochen“.

Außer Gebrauch gekommen ist wohl ein deutsches Vierlochsystem aus den 20er Jahren. Dabei saßen zwischen den Außenlöchern innen zwei weitere im Abstand von 60 mm. Die Ordner dafür hatten eine Mechanik die dem schwedischen Trioordner glich, nur eben mit anderen Maßen. Aktendullis (Heftstreifen) sind noch heute so gelocht.

In den USA, Kanada, Mexiko und auf den Philippinen benutzt man ein Dreilochsystem. Die Löcher liegen 108 mm (4,25 Zoll) auseinander. Im Gegensatz zur ISO 838 ist diese Lochung nicht exakt standardisiert. Außerdem gibt es dort ein Zweilochsystem, wobei die Löcher 70 mm (2,75 Zoll) auseinander liegen.

Um bei häufig gehandhabten Blättern (zum Beispiel vorgehefteten Inhaltsverzeichnissen) in Stehordnern ein Ausreißen zu verhindern, gibt es **Lochverstärkungsringe.**
Früher waren sie aus gummiertem Papier, heute sind sie aus Kunststoff und kommen auf der Rolle oder auf Bögen.

Locher-Sonderbauformen

Es gibt Geräte, die 60 oder 80 oder noch mehr Blätter auf einmal lochen können. Aus ihrem Einsatz in der OE Registratur haben sie ihren Namen *Registraturlocher*; auch der Begriff Blocklocher (wahrscheinlich in Anlehnung an den Blockhefter) wurde schon beobachtet. Außerdem sind Locher im Spezialhandel erhältlich, die gleichzeitig lochen und ösen oder die dickere Stapel von 888-Lochungen stanzen und dergleichen mehr. Teilweise haben sie ergänzbare und verschiebbare „Lochpfeifen".

Solche Spezialgeräte sind naturgemäß erheblich teurer als einfache Bürolocher. Da sie in der Regel Jahrzehnte halten, lohnt sich Ihre Anschaffung meist, denn sie armortisieren sich relativ rasch durch Arbeitszeitersparnis der Sachbearbeiter.

links großerRegistraturlocher, rechts Mehrfachlocher der Firma Leitz, beide mit Anschlagschiene zum korrekten Anlegen der Papierstapel

rechts austauschbare Lochpfeife für Mehrfachlocher

Zu Unrecht verspottet und vergessen: Nützliches aus Baden

In Süddeutschland ist teils noch die „Badische Aktenheftung“ verbreitet. Dabei werden die einzelnen Seiten mit einem speziellen Locher links oben zweifach gelocht. Die Löcher haben einen Durchmesser von ca. 2,5 mm und einen Abstand von 43 mm, der Abstand zum Rand beträgt 15 mm, der zur Oberkante 20 mm.

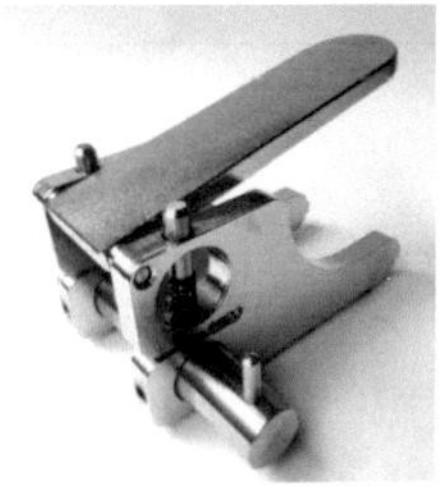

Diese Heftung dient der *liegenden Ablage.*

Nach dem Lochen wird eine Aktenschnur (auch Aktennestel genannt) durch die Löcher gezogen und zum „Badischen Aktenknoten“ geschlungen.

Zur Handhabung der Akte gibt es den „Leseknoten“, der dem Faden genug Raum gibt, die Blätter ganz umzuschlagen – und so auch Lesen bis zum Rand oder leichtes Auflegen auf den Kopierer ermöglicht. Zur Ablage muß dann nur noch der Faden festgezogen und der engere „Ruheknoten“ geschlungen werden.

Sowohl in der Altablage als auch in Archiven, wo liegende Aufbewahrung angesagt ist, ist das zweckmäßig. Nicht zu vergessen, daß hier keine Metallteile mehr entfernt werden müssen. Für die Fäden dürfen nur Naturfasern verwendet werden.

Nachdem Anfang des Jahrtausends der letzte selbständige Handwerker in Süddeutschland seinen Betrieb zur Fertigung

der badischen Aktenlocher eingestellt hat, werden diese in der Justizvollzugsanstalt Mannheim hergestellt, ebenso wie die praktischen Aktenstecher. Im April 2014 kostete der „Badische Aktenlocher klein“ 48 €, der „Badische Aktenlocher groß“ um 150 € und der Aktenstecher 10 €.

Wegen der praktischen Vorzüge und der geringen Materialkosten hat sich die Badische Aktenheftung besonders bei den Staatsanwaltschaften und Gerichten im Oberlandesgerichtsbezirk Karlsruhe (etwa dem ehemaligen Land Baden entsprechend), beim Verwaltungsgericht Sigmaringen (ehemalige hohenzollersche Lande) und in einigen Bereichen des baden-württembergischen Justizministeriums erhalten. Auch Archive der Badischen Landeskirche arbeiten mitunter nach diesem Verfahren.

Nachweislich wird diese Form der Aktenfixierung seit der Reform des badischen Archivwesens durch den Geheimen Rat Nikolaus Brauer angewandt; sie ist in der von ihm erarbeiteten Archivordnung und Behördeninstruktion des Markgrafen Carl Friedrich zu Baden und Hochberg aus dem Jahre 1801 beschrieben, wurde aber vermutlich schon lange zuvor benutzt.

Andere Länder bevorzugten andere Verfahren. So wurden etwa in Württemberg, Bayern und Österreich Akten ungeheftet in „Buschen“ (Bündeln, Konvoluten) gebündelt, in Preußen dagegen wurden sie zu Aktenbänden zusammengenäht (was eine spätere Ergänzung ausschloß).

Das badische Verfahren ist ein Mittelweg – und nicht der schlechteste!

Die Fixierung und Aufbewahrung

In der Ablage und der Altablage als Vorstufe zu Archivierung oder Kassation (Vernichtung) müssen die Unterlagen zweckmäßig zusammengehalten und aufbewahrt werden. Zur Ablage werden „Schriftgutbehälter“ verwendet. Am weitesten verbreitet sind Stehordner und Hängeablagen sowie Schnellhefter. Innerhalb von Stehordnern kann eine Trennung von Aktenteilen durch Trenn- oder Registerblätter stattfinden oder Trennung von Einzelakten durch Heftstreifen, Ösen- oder Einhakhefter.

Die älteste Form ist wohl die liegende Ablage; die bibliothekarische Ablage mit echten Registerbüchern gibt es aber auch schon seit Jahrhunderten.

Vom lateinischen Wort *latus* für Flanke oder Seite (der Genitiv ist *lateralis*) leitet sich der Begriff Lateralablage her. In anderen Zusammenhängen kommt dieser Wortstamm in *bilateral* oder *multilateral* (zweiseitig oder mehrseitig) vor, zum Beispiel bei Staatsverträgen.

Ende des 19. Jahrhunderts kamen die Karteikarten auf. Sie wurden in Karteitröge oder -kästen vertikal eingestellt, und aus diesem Prinzip entwickelte sich am Anfang des 20. Jahunderts die vertikale Steilablage mit Einstellmappen. Sie ist heute noch in den USA stark verbreitet – beim genauen Hinschauen wird man in amerikanischen Filmen bemerken, daß dort meist Steilablagen zu sehen sind.

Daneben entstanden bald auch hängende Aufbewahrungsformen (vertikal, lateral), die heutigen Hänge- und Pendelablagen.

Jede Ablageform hat ihre Vor- und Nachteile; welche wofür angeschafft wird, entscheidet sich nicht zuletzt anhand von Platz- und Budgetfragen. Hier zunächst eine gedrängte Übersicht:

Ablageform, Behälter	**Einsatz**	**Vorteile**	**Nachteile**
Liegende Ablage, Flachablage, Horizontalablage (Loseblattstapel) Sichthüllen Aktendeckel Mappen Schnellhefter [Buschen, Konvolute]	vorrangig für schwebende Vorgänge, Terminverwaltung usw.; als (Alt-)Ablage: oft in der Justiz, verbreitet in Baden	niedrige Material- und Personalkosten, der Ablageraum kann bis zur Griffhöhe komplett ausgenutzt werden	längere Suchzeiten, volle Beschriftung nur beim Umstapeln lesbar Entnehmen und Wiedereinordnen ist umständlich; kein Schutz vor Falschablage; hoher Aktenverschleiß
stehende Lateralablage, bibliothekarische Ablage Stehordner Stehsammler „Archiv“-Schachteln	vorzugsweise bei gleichartigen Geschäftsvorfällen Belegsammlungen, Fallakten	übersichtlich, relativ viel Platz für Rückenbeschriftung, bei Verwendung von Sichtmarken (Balken od. dgl.) lassen sich verstellte Ordner schnell erkennen, innere Unterteilung durch Ösen- oder Einhakhefter möglich	hoher Platzbedarf durch „Totraum“: Ordner verbrauchen auch fast leer den ganzen Stellplatz; umständlich: beim Einlegen oder Entnehmen von Schriftgut müssen auch andere abgelegte Schriftstücke bewegt werden
stehende Vertikalablage, Steilablage Einstellmappen Flügel-Karteikarten	Arztpraxen teils noch in Bibliotheken	niedrige Material- und Personalkosten, der Ablageraum kann bis zur Fachtiefe komplett ausgenutzt werden; Reiter od. dgl. wie bei Karteien möglich	bis zum kompletten Füllen eines Faches müssen Standhilfen verwendet werden (ähnlich wie in Karteitrögen)

Ablageform, Behälter	**Einsatz**	**Vorteile**	**Nachteile**
Hängende Vertikalablage, Hängeregistratur Hängemappen Hängetaschen Hängehefter Hängeordner	in Schreibtischauszügen, in speziellen Schränken	übersichtlich, Reiter od. dgl. wie bei Karteien möglich Schriftgut kann relativ bequem eingelegt und entnommen werden	hohe Einrichtungskosten verbraucht viel Platz in der Höhe
Hängende Lateralablage Pendelregistratur Pendelhefter Pendelordner Pendelmappe Pendeltasche	Einzelakten in großen Mengen, Abteilungs- oder Zentralablage	gute Ausnutzung der Stellfläche, da keine Auszüge nötig sind; geringe Materialkosten für die Registraturmöbel	für Beschriftungen (Ordnungsmerkmale) stehen nur die Schmalseiten zur Verfügung

Die Fixierung

Soweit nicht lose Blätter in die Schriftgutbehälter eingebracht werden, müssen sie fixiert werden. Hier gibt es fließende Übergänge, denn wenn beispielsweise Vorgänge in Ösen- oder Einhakhefter geheftet werden, ist das sowohl eine Fixierung als auch die Vorstufe zur Ablage in größeren Schriftgutbehältern, den Stehordnern.

Heften (Klammern, Tackern)

Lautmalerisch wird das „Heftgerät“ gern als Tacker bezeichnet. Dünne Vorgänge oder Akten können mit Heftklammern fixiert sein (mit Heftklammern = Büronadeln[14] getackert).

[14] in Österreich: „Büronägel“ oder „Heftnägel“

Bei der Benennung gibt es regionale Unterschiede. Die Germanisten der Universität Augsburg haben dazu herausgearbeitet: „Die Benennungen für das Bürogerät unterscheiden sich recht deutlich an den Staatsgrenzen. So wird dieses Gerät in Österreich und Südtirol sowie im Süden Ostbelgiens weitestgehend Klammermaschine genannt, in Österreich seltener auch Heftklammermaschine oder Klammerer/Heftklammerer. Am Südostrand Österreichs und im Norden Ostbelgiens heißt es Tacker.

Diese Bezeichnung ist in Deutschland in der Alltagssprache die allgemein übliche, nicht nur für das Gerät, mit dem in der U-Form belassene Klammern angebracht werden, sondern auch für das kleinere Bürogerät, das einen Papierstapel heftet und dabei die Klammerenden umbiegt. Das Wort kommt aus dem Englischen (*to tack* = heften zu *tack* = Reißnagel, Drahtstift).

Aus Ostdeutschland – auffälligerweise nur von dort – wurde daneben jedoch sehr häufig auch die (ursprünglich) scherzhafte Bezeichnung Klammeraffe gemeldet, eigentlich der Name einer lateinamerikanischen Affengattung (auch das @-Zeichen wird teilweise so genannt).

In der Schweiz sagt man überall *Bostitch*. Dahinter steht ein Herstellername: Das 1896 gegründete Unternehmen, das Drahtheftmaschinen zum Heften von Büchern, Kalendern usw. produzierte, hieß zunächst *Boston Wire Stitcher Company*, dieser Name wurde 1948 zu *Bostitch* verkürzt und hat sich in der Schweiz als allgemeine Bezeichnung für das Heftgerät eingebürgert“ [15]

---

[15] Universität Augsburg (siehe Internet-Quellenverzeichnis); Zitat gekürzt.

Heftklammern gibt es in den verschiedensten Ausführungen und Größen, z. B. als 23/6, 24/6, 26/6 (für ca. 30 Blätter), 23/8 (für ca. 50Blätter), 23/10 (für ca. 70 Blätter) und 23/12 für ca. 100 Blätter), außerdem in wenigen Millimeter kleinen Ausführungen.

Die Bezeichnung 24/6 bedeutet, daß zur Herstellung der Heftklammer der Draht Nr. 24 gemäß der Deutschen Heftdrahtlehre zu verwenden ist (je kleiner die Zahl desto stärker der Draht), und die Heftklammer eine Schenkellänge von 6 mm hat (Toleranz ±0,2 mm). Eine Normierung anderer Ausführungen war ursprünglich geplant, ist aber bis heute unterblieben.

Genormt ist nur die Ausführung 24/6. Die DIN 7405 („Heftklammer 24/6 für Büro-Heftgeräte; Heftklammer, Klammerstab“) vom Dezember 1963, die die Vorgängernorm vom Dezember 1942 abgelöst hat, regelt dabei die Maße, Ausführung, Benennung, Packung und Bestellbezeichnung. So entsprechen zum Beispiel nur Schachteln mit 1000 Heftklammern dieser Norm; andere Packungsgrößen sind nicht vorgesehen. Die Klammern müssen außerdem in Klammerstäben mit jeweils 50 (± 1 Toleranz) Stück zusammengefaßt und verklebt sein.[16]

Heftklammern können einen runden oder abgeflachten Querschnitt aufweisen, aus verzinktem, verkupfertem oder verzinntem Stahldraht bestehen.

---

[16] Die Vielfalt der anderen Varianten in praktischer Anwendung zeigt, daß eine weitere Normung nicht wirklich dringend sein kann und gerade *nicht* kommen sollte, nur weil man etwas regeln *kann*. Vgl. oben S. 27

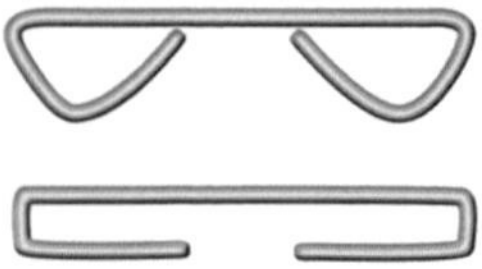

Beim Heftvorgang drückt der Stempel des Heftgeräts zunächst die beiden Schenkel der Klammer durch das Papier, bis sie auf Führungen im Fuß (Amboß) des Geräts treffen, von denen sie umgebogen werden.

Man unterscheidet zwischen geschlossenem und offenem Heften. Bei ersterem werden die Schenkel nach innen gebogen, bei letzterem nach außen, was das Trennen der Blätter erleichtert. Bei vielen handelsüblichen Heftern kann zwischen diesen Modi gewechselt werden, indem man die Klammerführungsplatte im Amboß des Hefters verschiebt oder dreht. Meistens wird aber das geschlossene Heften angewandt, manche einfache Heftermodelle beherrschen auch nur diesen Modus.

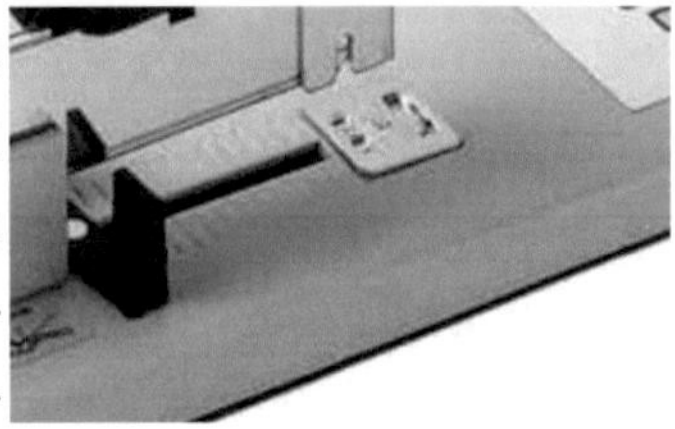

Besonders dicke Papierstapel (zum Beispiel alle möglichen Blöcke – Eintrittskarten, Essenmarken oder dergleichen) werden mit sogenannten **Blockheftern** fixiert. Sie brauchen spezielle Heftklammern mit längeren Schenkeln (23/8 bis 23/12). Für großformatige Papiere, die mehr Einlegetiefe nötig haben, gibt es **Langarmhefter**. Sie sind zum Beispiel auch geeignet, Hefte herzustellen weil das Papier bis in den Falz eingelegt werden kann.

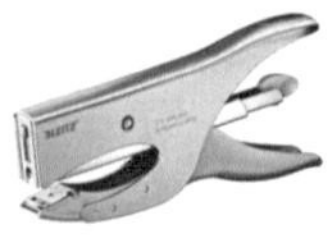

Auch Kombinationen aus Langarm- und Blockhefter sind im Handel; außerdem Heftzangen ohne Bodenplatte.

Die hier gezeigte sehr zweckmäßige Bauform wird leider nicht mehr hergestellt: ein gefalzter Papierstapel konnte von oben und unten soweit eingeschoben werden daß eine Heftung durch den Rücken möglich war; das ersparte den Langarmhefter.

Es empfiehlt sich, abgeschlossene getackerte Akten mit Kartondeckblättern zu versehen, denn einfaches Schreibpapier neigt zum Ausreißen, wenn mit den Akten hantiert wird.

Manchmal ist es nötig, geklammerte Papierstapel wieder zu trennen. Dazu gibt es kleine Enthefter und größere Enthefterzangen.

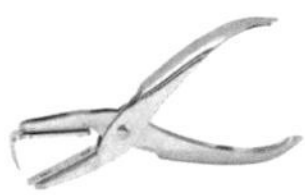

Geräte zum Ösen

Wenn Schriftstücke *dauerhaft* zusammengehalten werden sollen, geschieht das oft durch Ösen, die durch die Löcher geführt und dann zusammengepreßt werden. Der Papierstapel wird *geöst*.

Üblich ist das zum Beispiel bei notariell beglaubigten Dokumenten. Dann sitzen die Ösen oft oben links, außerdem ist noch ein Notariatsgarn durch die Ösen gezogen und auf dem letzten Blatt mit Siegeloblaten und Siegelsternen mittels einer Prägepresse festgesiegelt. Das dient dem Schutz gegen unbemerktes Entnehmen oder Einfügen von Seiten.

Sind die Ösen dagegen an den Stellen nach der ISO 838 angebracht, können die Papiere auch gut in Standardordner eingehängt werden. Diese Form des kombinierten Lochens und Ösens findet man öfter bei Versicherungspolicen.

Ösungen können mit kombinierten Loch-Ösenzangen angebracht werden oder auch mit speziellen Bürolochern, die in einem Arbeitsgang lochen und ösen.

Heftstreifen (Aktendullis)

Statt Klammern können auch Heftstreifen verwendet werden. Sie sind besonders in Ostdeutschland unter ihrem alten Namen Aktendulli bekannt, unter dem sie erstmals 1938 patentiert wurden. Werden sie mit der breiten Seite zum Papier hin verwendet, ragen sie *nicht* aus dem Stapel heraus. Das ist für die liegende Ablage geeignet.

Läßt man das gelochte Ende nach außen ragen, können die gehefteten Papierstapel in Ordner eingehängt und damit innerhalb des Ordners separiert werden.

Heftstreifen gibt es aus Pappe und Kunststoff. Die Lochung (außen 80 mm, innen 60 mm Lochabstand) paßt in europäische Standardordner und in die Mechanik der alten deutschen Vierfachlochung, also nicht in schwedische Trio-Ordner.

Die „Gegenstücke" für gebundene Dokumente: Abheftstreifen und Abheftschienen

Gebundene Hefte, dünne Broschüren oder dergleichen, die zur Ablage *nicht gelocht werden sollen,* können mit *Ab*heftstreifen oder -schienen ordnertauglich gemacht werden.

Die einfachste und billigste Form kann man selbst herstellen: ein nach links herausragender, gelochter Pappstreifen wird auf den Rückendeckel des Heftes geklebt, und schon kann das Heft in einem Ordner untergebracht werden. Heute gibt es selbstklebende Abheftstreifen auch fertig im Handel.

Bei den Schienen gibt es solche mit Klemmvorrichtung und andere, die in das Heft eingehängt werden.

Durch die Universallochung passen sie in alle Ordner und Ringbücher.

Sicht- und Prospekthüllen und „Verwandte"

Ebenfalls für Schriftgut, das ungelocht bleiben soll, dienen Sicht- und Prospekthüllen. Die am weitesten verbreiteten sind die im Format DIN A 4. Sichthüllen umschließen das Schrifgtut ohne weiteres, Prospekthüllen haben dagegen einen Abheftrand mit Universallochung, damit sie in andere Schriftgutbehälter, vorrangig in Ordner oder Ringbücher, einglegt werden können.

Für Datenträger gibt es Abkömmlinge der Prospekthüllen in passendem Format und mit Abheftrand. Meist haben sie einen zusätzlichen Verschluß, während Prospekthüllen offen sind.

Ösenhefter

Ähnlich dem Aktendulli lassen sich Ösenhefter verwenden. Sie habe innen eine Schnellheftereinrichtung und außen Ösen im Standardlochabstand, so daß sie in Stehordner eingebracht werden können und dort eine innere Trennung herstellen.

Ösenhefter gibt es mit halbem und mit ganzem Deckel. Die mit halbem Deckel sind für die kaufmännische Heftung eingerichtet, die mit vollem Deckel kann man einfach umdrehen und so auch für die Amtsheftung verwenden.

Fadenheftung, Abheftbügel

Die Blätter können auch in Fadenheftung gebunden sein, aber das ist eine nicht mehr sehr weit verbreitete Form der Aktenfixierung.

Während der „preußische Aktenstich“, also das endgültige Zusammennähen der Akten, ungebräuchlich geworden ist und nur noch Restauratoren und Archivare interessiert, trifft man auch heute noch mancherorts auf die „Badische Aktenheftung“. Einzelheiten dazu sind oben im Kapitel „Lochung“ beschrieben.

Eine andere gut anwendbare und billige Form für besonders dicke Papierstapel ist ganz einfach ein durch die Löcher geführter Bindfaden aus Naturfasern; Kunststoff sollte vermieden werden.

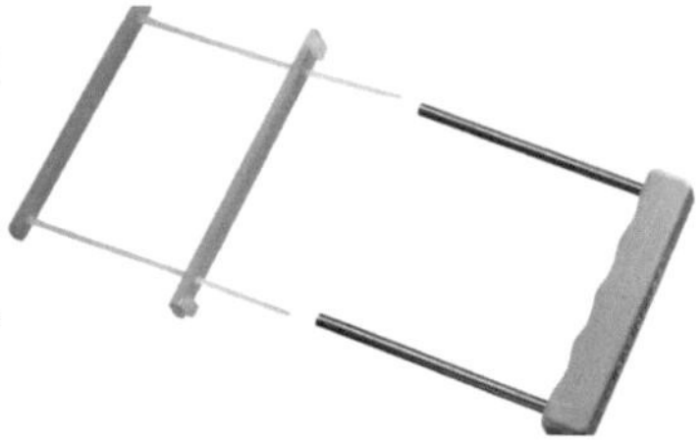

Es sind aber auch lange Abheftbügel im Handel erhältlich. Meist sind sie aus Kunststoff oder mit Kunststoff überzogenem Eisendraht.

Sie sollten (oder müssen – je nach Vorgabe des Entsorgungsunternehmens) später vor dem Einstampfen von Altakten wieder entfernt werden.

Wenn ganze Ordnerinhalte auf diese Bügel gebracht werden sollen, gibt es dafür spezielle Umfüllhilfen.

Faszikel (Aktenbündel)

Manchmal werden Dokumentenstapel – mit oder ohne innere Unterteilung – nur mit Bindfäden oder Aktengurten verschnürt. Dann spricht man vom Aktenbündel oder Aktenbüschel oder Faszikel, mancherorts auch vom Konvolut. Diese Form der Fixierung dürfte sich eher in Altablagen (reponierten Registraturen) oder Archiven finden als in kurrenten Registraturen.[17]

In Staatsanwaltschaften oder Gerichten, wo liegende Aktenaufbewahrung durchaus gängig ist, sieht man allerdings so etwas verhältnismäßig häufig, wenn die Prozeßakten umfangreich werden.

---

[17] vgl. unten, S. 109 ff.

Aufbewahrung

Die Ablage – technische Aspekte

Liegende Ablage – Horizontalablage
Eine einfache und platzsparende Form ist die liegende Ablage. Ihr *Nachteil* liegt darin, daß entweder für die Beschriftung mit dem Aktentitel sogenannte Aktenschwänze verwendet werden müssen, und die reißen leicht ab, oder daß man die Aktenstapel zum Durchsehen umstapeln muß, um die Einzelakte zu finden. Sammelmappen, beschriftete Fächer in Aktenschränken oder Kartons (zum Beispiel für die Akten eines Monats oder Quartals) können den Nachteil ein wenig abmildern.

Schnellhefter lassen sich nur liegend gut ablegen.

Praxistip: Akten, die nur aus Papier im Standardformat A 4 bestehen, können spätestens beim *Zurücklegen* zur Altablage in die Kartons einsortiert werden, in denen das Druckerpapier geliefert wird (meist 5 Stapel à 500 Blatt, damit ca. 30 cm hoch). Das spart die Anschaffung spezieller Archivschachteln. Für Schnellhefter sind diese Kartons allerdings zu klein.

Die liegende Ablage ist eine *schonende* Ablageform, weil das Papier sich nicht durch die eigene Schwere verzieht (wie es oft in Stehordnern geschieht) und auch nicht zum Ausreißen der Löcher an den scharfen Blechstreifen von Hängeheftern neigt. Nur wenn viel mit den Akten hantiert wird, leiden die Deckblätter, erhöht sich der Verschleiß.

Stehende Lateralablage – bibliothekarische Ablage

Stehsammler

Stehsammler werden meist für Zeitschriften, Angebotskataloge, Dokumentationsmaterial und dergleichen verwendet, weniger für die eigentliche Aktenablage.

Stehordner (Aktenordner)

Die am weitesten verbreitete Variante der stehenden Ablage ist der Stehordner. Seine Mechanik paßt zur ISO-838-Lochung, in ihn können gelochte Papierstapel (ggf. durch Trennstreifen oder Registerblätter separiert), mit Aktendulli fixierte Papierstapel oder Ösenhefter eingebracht werden.

Stehordner gibt es in verschiedenen Breiten, meist mit ca. 4 cm oder 8 cm Rückenbreite.

Die Rückenschilder werden in der Regel aufgeklebt. Durch die Farbe, die Beschriftung, gegebenenfalls Sichtmarken und sogar durch die Position können sie leicht der Übersichtlichkeit dienen.

Am häufigsten sind Ordner aus dicker Pappe, mit schwarzem oder dunkel marmoriertem Papier bezogen, oft mit metallenem Kantenschutz und fast immer mit Griffloch im unteren Drittel. Häufig finden sich die sogenannten „RADO-Ösen“, durch die die Ordnermechanik in den Deckel geführt wird. Dadurch muß die Mechanik nicht aus sich heraus halten, sondern bekommt zusätzlichen Halt durch den Deckel. Ordner ohne diese Deckelschlitze fallen leicht um, wenn sie mit genügend Papier gefüllt sind.

„RADO“ steht für „richtiges Aufstellen des Ordners“. Dieses Prinzip (Kantenschutz, Griffloch, RADO-Ösen) wurde 1953 im Unternehmen Elba entwickelt.

Der Name Elba setzt sich aus Elberfeld und Barmen zusammen (damals selbständig, heute Stadtteile von Wuppertal), wo der Kaufmann Erich Kraut 1917 eine Schreibwarenhandlung erwarb und später zum Unternehmen für Büroorganisation ausbaute. Ab 1930 produzierte es Aktenordner, 1933 erfand Erich Kraut die Pendelregistratur.[18]

Erfunden wurde die Urform des heutigen Aktenordners als „Briefordner“ um 1886 von dem Bonner Fabrikanten Friedrich Soennecken; seine Konkurrenten Louis Leitz in Stuttgart-Feuerbach und der oben erwähnte Erich Kraut hatten eigene Produkte (Leitz-Ordner, schon um 1871) und entwickelten die Ordner weiter. Soennecken ließ sich 1886 auch den ersten Papierlocher für Sammelmappen patentieren, außerdem stellte er Stahlschreibfedern her. Um 1890 schuf er einen Umlegekalender, ab Anfang des 20. Jahrhunderts Ringbücher.[19]

Neben Standardordnern gibt es welche mit farbigem Bezug, aus Kunststoff, mit Vierlochmechanik (888-Lochung), mit Kunststofftaschen zum Austauschen der Rückenschilder (statt Aufkleben) und viele weitere Varianten.

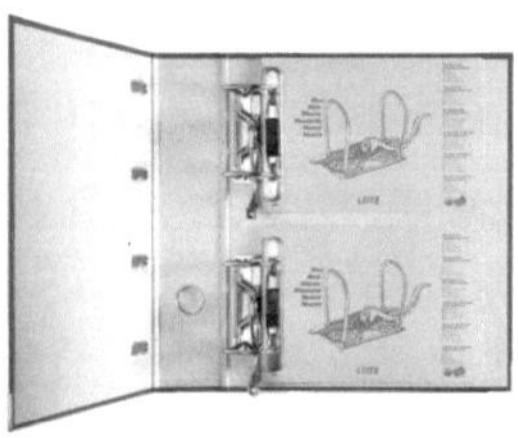

Auch Sonderformate (A 3 oder A 5 oder ⅓ A 4 quer oder Doppelordner, diese für Kontoauszüge, sind gebräuchlich.

[18] siehe unten, S. 104
[19] siehe auch oben, S. 82, 95

Stehende Vertikalablabe

Einer Kartei ähnlich, weil aus ihr hervorgegangen, werden in der vertikalen Stehablage Einstellmappen, -hefter oder -taschen verwendet. Sie können oben mit einer Reiterbahn wie die Kartei versehen sein.

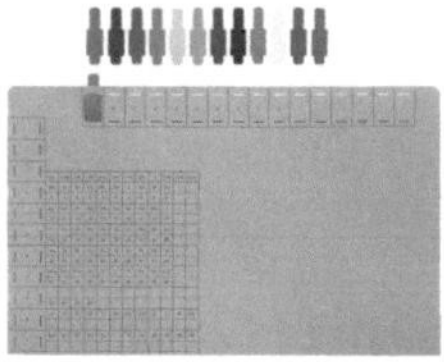

Mehr noch als beim Karteitrog [20] muß das Ablagemöbel mit Vorrichtungen versehen sein, damit bei unvollständiger Platzausnutzung die Schriftgutbehälter dennoch eng zusammstehen und nicht, der eigenen Schwere folgend, abrutschen und übereinander zu liegen kommen.

Einstellmappen können natürlich durch eine entsprechende Schnellheftermechanik zu Einstellheftern erweitert werden.

Die Stehablage kam aus den USA nach Europa. Gegenüber der Hängeregistratur hat sie den Vorteil, daß die Schriftgutbehälter und die Ablagemöbel keine Schienen benötigen. Sie muß in Übersee (aber auch in Großbritannien) weit verbreitet sein: beim genauen Hinsehen erkennt man in amerikanischen und englischen Filmen mehr Stehablagen als andere Ablageformen.

Eine Anwendung der Stehablage sieht man in Deutschland relativ häufig in Arztpraxen. Die „Karteikarten“ der Patienten sind praktisch zu einer Mappe erweitert, in die Befunde und ähnliches eingelegt werden. Diese Mappen im Format A 5 quer stehen hintereinander in Schubfächern der Ablageschränke.

[20] siehe unten, S. 186 f.

Hängende Vertikalablage – Hängeregistratur

Wieder einmal zeigt sich, daß Sprache nie ganz logisch ist. Die Registratur ist an sich die OE, die am meisten mit der Schriftgutorganisation befaßt ist. Hier aber wurde der Begriff auf die Schriftgutbehälter und Ablagemöbel ausgeweitet. Es ist einfach so, lassen wir es dabei.

In den Hängeregistraturschränken befinden sich spezielle Schienen, in die die Hängemappen, -taschen, -hefter oder -ordner eingehängt werden können. Das Fach mit den Schienen ist ausziehbar. Auch in Schreibtische oder Tresore lassen sich solche Hängeregistraturauszüge einbauen. Für kleine Aktenbestände oder für den Transport gibt es auch Tröge oder Taschen, die für die Aufnahme der Schriftgutbehälter geeignet sind.

Die Hängehefter usw. können Reiter tragen, sowohl zur Beschriftung (Aktenzeichen) als auch für Statusanzeigen (in Bearbeitung Projekt, abgeschlossen usw.). Die Reiter lassen sich an verschiedenen Stellen anbringen und folgen der Reiterbahn, das hat sich aus der Zeit der Karteikarte gehalten.

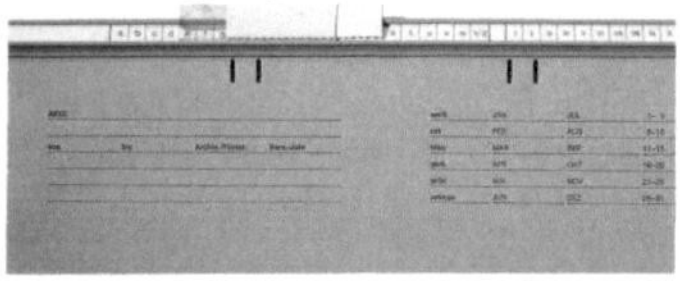

Ebenfalls daher stammt die Fehltasche, die sich aus der Fehlkarte entwickelt hat. Sie ist meist besonders gefärbt und ragt etwas aus den anderen Schriftgutbehältern heraus.

Hängemappen sind die einfachste und billigste Form, in sie kann loses Material eingelegt werden Nachteil: es kann beim Hantieren seitlich herausfallen.

Hängetaschen weisen seitlich sogenannte Frösche“ auf, meist aus Gewebe, die ein Herausfallen des losen Materials verhindern.

Hängehefter sind praktisch Schnellhefter mit einer Einhängevorrichtung. Gängige Sonderformen (Kredit- oder Personal-Hängehefter) haben zusätzlich Trennblätter und eingebaute Taschen für lose, nicht zu lochende Dokumente.

Während der Einstellhefter[21] mit dem Rücken nach unten steht, hängt der Hängehefter mit dem Rücken nach oben.

Hängeordner haben eine meist einklappbare Hängevorrichtung, damit sie auch zeitweilig hingestellt werden können. Bei ihnen sitzt das Griffloch mittig, während es bei Stehordnern im unteren Drittel des Rückens angebracht ist.

Die Hängeablage hat gegenüber der Stehablage den Vorteil, daß auch bei nicht voll ausgenutztem Platz im Ablagemöbel keine Vorrichtungen zum Zusammenhalten nötig sind, denn hängend haben die Schriftgutbehälter keine Tendenz zum Abrutschen und Übereinanderliegen.

In einigen OE mit Zentralregistratur werden beim Wiedervorlegen der Akten die Hängeschienen entfernt. Dem Sb liegt dann ein einfacher Hefter ohne störende überstehende Schiene vor. Das schon seinen Schreibtisch und beugt Verletzungen vor. Zur erneuten Ablage werden die Schienen einfach wieder eingeschoben.

---

[21] siehe oben, Seite 101

Hängende Lateralablage - Pendelregistratur

Die laterale[22] Pendelregistratur wurde 1933 von Erich Kraut in Wuppertal erfunden.[23] Bei ihr werden Einhakhefter mit einer speziellen Mechanik verwendet. Weil die Bewegung beim Einhängen in die Aufbewahrungsschiene an eine Pendelbewegung erinnert, werden sie als Pendelhefter bezeichnet. Ähnlich wie bei vertikalen Hängeablagen gibt es neben Pendelheftern auch Pendelmappen und -taschen.

Dem Bearbeiter zugewandt sind hier die Schmalseiten der Schriftgutbehälter, es gibt keine Auszüge wie bei der hängenden Vertikalablage. Der Platz für die Beschriftung mit Fundmerkmalen usw. ist allerdings stark begrenzt. Deshalb finden sich bei der Lateralablage Farb- und Positionsmarkierungen als Sichtmarken, die auf kleinstem Raum dem Kundigen ein Maximum an verschlüsselter Information liefern. Nur durch diese Verschlüsselung kann man den Nachteil des fehlenden Platzes für die Klartextbeschriftung abfangen.

Aktenschrank mit gemischter Ablage oben: Pendelhefter (hängend lateral)
unten: Stehordner (stehend lateral)
Nur die Ordnerrücken sind breit genug für eine Beschriftung, die Pendelhefter müssen mit farbigen Zungen auskommen.

---

[22] zur Wortbedeutung „lateral“ siehe oben, S. 87
[23] siehe oben, S. 100

Es gibt verschiedene Beschlagsysteme für Pendelablagen, etwa von Zippel (T-Gleit-Beschläge) und das Leitz-System. Diese sind untereinander leider *nicht kompatibel.*

Die Ablage - organisatorische Aspekte

Lebendes, ruhendes, totes Schriftgut.

Man unterscheidet – mit regionalen Unterschieden – zwischen

- **lebendem Schriftgut:** das sind die Vorgänge „in Arbeit" einschließlich der Wiedervorlagen
- **ruhendem** (oder schlafendem) **Schriftgut:** die Bearbeitung ist abgeschlossen (z. d. A.), aber das Schriftgut ist noch nicht reif für die Altablage, weil zum Beispiel mit einer nochmaligen Bearbeitung gerechnet werden muß: Nachfragen oder Rückfragen, Einsprüche und so weiter. Es *ruht* in der Bearbeiter- oder der Abteilungsablage, um die Wege für eine mögliche Neubearbeitung kurz zu halten – oder es kommt, wenn es eine gibt, in die Zentralregistratur
- **totem Schriftgut:** eine erneuten Bearbeitung ist nicht sehr wahrscheinlich, aber es greifen noch Aufbewahrungsfristen; solche Akten gehören in die Altablage
- **ewigem Schriftgut:** irreführender Ausdruck für Archivalien

Archivalien sind kein Schriftgut mehr, die beiden „beißen sich".

Irgendwann landet jedes Schriftgut in der Vernichtung oder im Archiv. Ständig benütztes, nie endgültig abgeschlossenes Material wie Hand- oder Organisationsakten, wird nicht abgelegt, sondern ständig aktualisiert und gehört damit zum („ewig") *lebenden* Schriftgut.

Daß Schriftgut, welches gerade bearbeitet wird, noch nicht abgelegt, sondern am Arbeitsplatz griffbereit gehalten wird, liegt auf der Hand. Abgelegt wird erst nach der „Z. d. A. - Verfügung.

Schon hier beginnt eine Grauzone mit fließenden Übergängen, die sehr stark vom inneren Aufbau einer OE und auch von dem zur Verfügung stehenden Platz beeinflußt ist. Denn „zwar gerade nicht gebraucht, aber auch noch nicht ablagereif“, also die „Wiedervorlage“, verdient auch eine Betrachtung.

Am übersichtlichsten dürfte es in Behörden mit Zentralregistratur sein: deren Personal kümmert sich zur Entlastung der Sb um die Verwaltung des ruhenden wie des toten Schriftgutes ebenso wie um allfällige Aussonderung und die Abgabe ans Archiv – und eben auch um die Akten mit „Wv.“-Verfügung.

Bei der Bearbeiterablage muß der Sb selbst die Termine zur Wiedervorlage im Auge behalten, zum Beispiel durch Kalendereinträge oder Terminmappen. Der Sb ist also hier durch Sachbearbeitung und Schriftgutverwaltung doppelt belastet.

Ab hier betrachten wir „z. d. A.“ geschriebenes Schriftgut. Bestehen Bearbeiter- und Abteilungsablagen, gibt es viele Möglichkeiten, wie mit dem abschließend bearbeiteten Schriftgut umgegangen wird.

Geschlossene Akten werden zunächst *abgelegt*, bleiben aber noch in der Bearbeiter- oder Abteilungsablage, um die Wege kurz zu halten, falls noch einmal darauf zugegriffen werden muß. Die Aufbewahrung bis zum Ende des laufenden oder des folgenden Jahres ist hier üblich. Sie bilden solange den kurrenten Aktenbestand, die kurrente Registratur. Nach Zeitablauf folgt die Reponierung, das heißt die Überführung in die Altablage.

Die Altablage (reponierte Registratur)
Abgeschlossene Akten werden *zurückgelegt (reponiert),* und zwar *in die Altablage,* wenn sie für die ständige Tagesarbeit nicht mehr benötigt werden, eine erneute Bearbeitung unwahrscheinlich ist und damit die Abteilungs- oder Bearbeiterablage entlastet werden kann. Jetzt greifen Aufbewahrungsfristen.

Hier empfiehlt sich wieder einmal strategisches Denken. Nach dem Ende der Aufbewahrungsfrist müssen Akten eventuell einem Archiv angeboten werden; bei Fallakten dürfte der größte Teil dagegen vernichtungsreifes Altpapier sein. Aber es kann vermeidbare Fremdkörper enthalten.

Während Tackernadeln nach dem Einstampfen mit Magneten aus dem Papierbrei geholt werden können, ist das bei Kunststoff-Heftstreifen nicht der Fall. Wegen der Vorgaben manches Altpapieraufkäufers ist deshalb das Personal gezwungen, nochmals Akte für Akte in die Hand zu nehmen und rein mechanisch zu „bearbeiten“. Mit *Sach*bearbeitung hat das nichts mehr zu tun, es ist Vergeudung der Arbeitszeit hochqualifizierten Personals. Hier zeigt sich eine negative Auswirkung des Wegfalls der Registraturstellen mit ihren Hilfskräften durch den Übergang zur Bearbeiterablage.

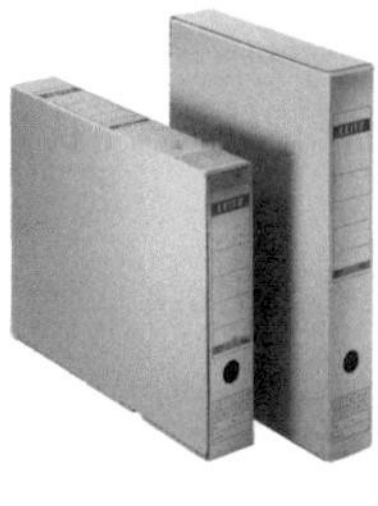

Ist genügend Platz für die Altablage vorhanden, können die Schriftgutbehälter so wie sie sind dorthin überführt werden. Doch schon hier ist eine Platzverminderung die Regel, etwa durch Entnahme aus Stehordnern und Bündelung oder Einlegen in Kartons. Handelsüblich sind sogenannte Archivkartons in verschiedenen Breiten und Pappstärken.

Dies sind übrigens in der Regel *nicht* die Behälter, in denen die Akten nach der Abgabe an das Archiv später dauernd aufbewahrt werden. Dort werden die nach der Abgabe zu Archivalien gewordenen Akten nämlich meist noch einmal in säurefreie Archivbehälter „umgebettet“, nicht ohne sie vorher zu „entgräten“ und „enteisen“ (siehe unten).

Die starke Einzelaktentrennung der Bearbeitungszeit, zum Beispiel durch Ordner, Hefter, Trenn- oder Heftstreifen, wird in der Altablage oft schon reduziert: übrig bleiben Aktenstapel mit schwacher interner Trennung, beispielsweise durch Heftklammern (Tackernadeln) oder Bindfaden.

Metalle und Kunststoffe in Altakten sollten möglichst vermieden werden. Sie stammen von Heftstreifen (Aktendullis), Schnell-, Ösen- oder Einhakheftern, dem Kantenschutz von Stehordnern, Brief- oder Heftklammern usw. Der Rost der Metallteile würde später den Archivar zwingen, sie zu entfernen. Man spricht dabei vom „Entgräten“ oder – leicht mißverständlich – vom „Enteisen“; „Enteisenen“ wäre zwar streng sprachlich-logisch korrekt, aber doch recht sperrig und auch schwerer zu sprechen.

Auch beim Blick auf nicht archivwürdiges Material und seine Vernichtung durch Altpapierverwertung erkennt man diese Fremdkörper als nachteilig.

Kassation, Skartierung

Schriftgut, das nicht archivwürdig ist, wird kassiert (in Österreich: skartiert), das heißt vernichtet. Die Entscheidung, was archivwürdig ist, obliegt dem Archiv – ohne Abstimmung mit diesem ist die Vernichtung eine unzulässige „wilde Kassation“.

Diese Abstimmung mit dem Archiv kann natürlich auch durch Vereinbarung geschehen, welche Akten gar nicht mehr einzeln dem Archiv angeboten werden müssen, sondern nach dem Ende der Aufbewahrungsfrist direkt kassiert weden dürfen.

Manchmal werden – als Teil fürs Ganze – ausgewählte Fall- oder Personalakten ins Archiv überführt, also nicht kassiert.

Noch einmal: Faszikel, Konvolute, Bündel, Buschen

Schon in der kurrenten Registratur (etwa der Justizbehörden) werden Akten mitunter nur gebündelt, ohne sie in Kartons oder dergleichen einzulegen. In reponierten Registraturen (Altablagen) und in Archiven findet man derartige Aktenbündel noch häufiger. Man nennt sie in Mittel- und Norddeutschland Faszikel (von lateinisch *fasciculus* „kleines Bündel, Päckchen“, Verkleinerungsform von *fascis* „Bündel, Paket“). Außerdem gibt es den Begriff „Konvolut“ für umfangreichere Aufbewahrungseinheiten.

Für beide Begriffe – Faszikel und Konvolut[24] – bestehen vom norddeutschen zum süddeutsch-/österreichischen Sprachraum große Unterschiede. Aus archivalischer Sicht schreibt dazu Michael Hochedlinger für Österreich:

„Seitdem die gemeinsame Ablage von Ein- und Ausgang üblich war, bildet in altösterreichischer Kanzleitradition das Konzept des Ausgangs den Mantelbogen (Aktenhülle, chemise[25]), in den der anstoßende Bericht oder Antrag mitsamt Beilagen eingelegt wurde.

[24] vgl. oben, S. 97

[25] frz. *chemise* = Hemd; auch Aktenmappe

Die oft gehefteten und so gegen Verluste besser geschützten Prozessakten sind von jeher meist dem Verfahrensablauf entsprechend aufgebaut (Klage, Einrede, Replik, Duplik usw.), die einzelnen Produkte erhalten hier in der Regel auch eigene ‚Ordnungszahlen' (in der Frühen Neuzeit oft in ‚Quadrangel'[26]) und einen Rotulus, eine Aktenübersicht [...], die dem vorgeschalteten Inhaltsverzeichnis moderner Sachakten entspricht.

Massivere Aktenbündel, in Österreich bzw. Süddeutschland ‚Faszikel' (von fasciculus), im 16. Jahrhundert auch ‚Buschen' genannt, werden aus losen Einzelschriftstücken gebildet und durch Schnur bzw. Gurt zwischen stärkeren Faszikeldeckeln zusammengehalten.

Diese Faszikel hat man in mächtigen Regalen tiefengestaffelt, mit den nach vorne zeigenden, registraturmäßig beschrifteten Deckpappen stehend aufbewahrt. Es ist dies die frühneuzeitlich typische Stellmethode. Die liegende Aufbewahrung in verschließbaren Kartons bzw. in teilweise offenen Schubern aus Pappendeckel kommt erst später in den Archiven auf. [...]

Die Binnengliederung erfolgt in Österreich bei bloßen Serienakten, wenn überhaupt, durch etwa chronologisch teilende ‚Konvolute' aus einer Mehrzahl von (losen) Schriftstücken; anderswo heißen eben diese kleineren Akteneinheiten (Hefte) Faszikel, die Pakete aber Konvolute. Dem erst archivisch formierten Konvolut als bloßer Verpackungseinheit entspricht das französische *liasse.*

---

[26] *quadrangulieren: frühe Form der Foliierung (vgl. oben, S. 77). Die Blattnummer wurde meist oben links (nicht wie heute rechts) angebracht und mit einem Viereck oder einer Raute umschlossen.*

Von ‚Aktenbüscheln' spricht man insbesondere, wenn die Einzelstücke gelocht und mittels Schnur zusammengehalten werden.[27] [...] Für die nicht in Kartons verpackten Liegeakten in Horizontalregistraturen wurden mehrere Aktenkollektive durch einen festeren Aktenumschlag und Verschnürung zu einem dickeren Aktenpaket zusammengefasst. Die Aktenschürze, die an der vorderen Schmalseite unter die Aktenhülle gesteckt wird, trägt die nötige Beschriftung (enthaltene Aktenkollektive, Betreffe, Laufzeiten usw.).

Ähnliches leistet der ‚Aktenschwanz' (Aktenfahne) aus festem Papier oder Leinen, der am unteren Umschlagrand eingehängt wird und in der Horizontallage herausragt. Bei Stehregistraturen werden diese Informationen auf dem Bandrücken angebracht."[28]

Zum Begriff *Faszikel* schreibt Meisner 1969: „Von fasciculus, das Bündelchen, also der (nicht das) Faszikel. Eine nicht festgelegte Aktenmengenbezeichnung. Man versteht darunter in den verschiedenen Länderregistraturen bzw. -archiven **1.** das kleine oder kleinste Aktenkollektiv, also das schmale Aktenheft [...] **2.** im krassen Widerspruch zum Wortsinn das Gegenteil, nämlich wahre Kolosse von gegürteten Aktenbündeln [...] ‚Faszikel' ist also zu einem in seiner Ursprungsbedeutung völlig verblaßten Sammelausdruck für Akteneinheiten jeden Kalibers innerhalb der Konvolute (s. d.) geworden. Aus der Welt schaffen läßt er sich nicht mehr, da ihn eine jahrhundertealte Praxis an zahllosen Stellen aktenkundig gemacht hat [...]"[29]

---

[27] *Allerdings* nicht *bei Akten mit „Badischer Aktenheftung", vgl. oben S. 85 f.*
[28] Hochedlinger, S. 44
[29] Meisner II, S. 305

Dokumentenechtheit; archivwürdiges Schriftgut

Je länger Schriftgut aufbewahrt werden muß, desto mehr ist langfristiges Denken zu seiner Erhaltung und zu seiner späteren Handhabung angebracht.

Während die Altablage von kaufmännischem Massenschriftgut nach der gesetzlichen Aufbewahrungszeit, üblich sind sechs bis zehn Jahre, meist in der Vernichtung endet, ist für archivwürdiges Schriftgut mehr Sorgfalt und langfristiges Denken angebracht.

Durch den Zerfall säurehaltigen Papiers, das ab 1807 aufkam (Ersatz des Tierleims durch Alaun), sind heute bereits Bibliotheks- und Archivbestände unrettbar zerstört, in schleichender Zerstörung begriffen oder nur mit großem Aufwand (Papierentsäuerung) zu erhalten. Das Problem wurde erkannt, und seit den 90er Jahren des 20. Jahrhunderts hat sich wieder das alterungsbeständigere säurefreie Papier durchgesetzt. Doch auch das sollte pfleglich behandelt werden.

Außerdem ist zu beachten, daß bestimmte Papiere nicht einmal für mittelfristige Aufbewahrung geeignet sind. So gehören zum Beispiel Schriftstücke auf Thermopapier wie Faxkopien oder moderne Kassenzettel nicht in Akten, denn ihr Schriftbild verschwindet zusehends – sie sind *nicht dokumentenecht.* Notfalls müssen sie fotokopiert werden, da Kopierertoner beständiger ist. Dennoch ist selbst beim Toner von Kopierern oder Laserdruckern Vorsicht angebracht, denn bestimmte PVC-Dokumenthüllen, die ihren Weichmacher ausdünsten, können den Toner vom Papier lösen und das Dokument unbrauchbar machen.

Ähnliches kann bei zu glattem Papier unter Druck geschehen, besonders bei beschichtetem Kunstdruckpapier oder dergleichen.

Auf gewöhnlichem Schreib- bzw. Druckerpapier ist zu beachten, *womit es beschrieben wird.* Mitunter ist Dokumentenechtheit der Schreibmedien auch gesetzlich vorgeschrieben oder organisatorisch gefordert, schädlich ist sie wohl in keinem Falle.

Dokumentenechte Schreibstoffe müssen schnell trocknen (Wischbeständigkeit), dürfen nicht korrigierbar (Radierbarkeit) und nicht spurlos zu entfernen sein. Die Farbe muß nach einer Weile Sonnenlicht noch lesbar bleiben und darf nicht verblassen (Lichtechtheit), und unter Wassereinfluß müssen die Schriftlinien sichtbar bleiben (Wasserfestigkeit). Die Prüfkriterien sind in der Norm ISO 12757-2 festgelegt.

Als dokumentenechte Schreibmedien gelten

- Textilfarbbänder von Schreib- oder Rechenmaschinen und Nadeldruckern (enthalten ölhaltige Farben). Sie werden seltener und immer mehr von den – nicht dokumentenechten – Carbonbändern und Thermopapierdruckern verdrängt
- die meisten Kugelschreiber
- Kopierstifte[30]
- dokumentenechte ölfreie Stempelfarbe für Gummistempel (in Europa meist Standard)
- ölhaltige Paginier-Stempelfarbe
- Eisengallustinte[30]
- eine Reihe von Füllfederhaltertinten[30]
- Toner von Laserdruckern oder Kopierern

[30] ausführlicher unten, S. 193 ff.

Nicht dokumentenecht dagegen sind

- Bleistifte (Graphitstifte)
- Ausdrucke gewöhnlicher Tintenstrahldrucker
- etliche Füllfederhaltertinten
- korrekturfähige Carbonbänder von Schreibmaschinen (heute Standard; sie haben die dokumentenechten textilen Farbbänder mit ihrer ölhaltigen Farbe weitgehend verdrängt)
- Faserschreiber (Filzstifte) und Textmarker

Textmarker können – je nach Farbintensität – die Lesbarkeit von Schwarzweißkopien beeinträchtigen: je dunkler die Markierung, desto schlechter ist der Urtext in der Kopie lesbar. Ob Textmarkertinten auf lange Sicht das Papier schädigen, ist noch nicht ausreichend erforscht. Es kann auf keinen Fall schaden, sie für langfristig aufzubewahrende Dokumente *nicht* zu verwenden und stattdessen klassisch mit Lineal und Kopierstift zu unterstreichen.

Müssen kleinformatige Papiere, zum Beispiel Belege, aufgeklebt werden, sollte man darauf achten, ob das beklebte Blatt später eingelesen werden soll und deshalb durch den Einzug des Scanners laufen muß. Lösen sich aufgeklebte Teile, kommt es zum Vorlagenstau. Dasselbe gilt für verbliebene Haftnotizen.

Es gibt unterschiedliche Betrachtungswinkel aus rechtlicher und aus archivalischer Sicht. So können zum Beispiel rechtssicher dokumentenechte Kopierstiftvermerke sehr viel später (Jahrzehnte später) im Archiv zum Problem werden, wenn ein Dokument in einem nassen Verfahren konserviert oder restauriert werden muß. Eisengallustinten können schon nach wenigen Jahrhunderten zum sogenannten Tintenfraß führen.

Der Geschäftsgang:
vom Eingangsvermerk bis zur Schlußverfügung

Merksatz: Vermerke informieren über bereits Geschehenes, Verfügungen planen zu Erledigendes.

Geschäftsgangs- und Sichtvermerke sowie Verfügungen *steuern* die Bearbeitung des Geschäftsvorfalls.

gewöhnlicher Ablauf

Die „klassischen“ Eingänge (Briefe) laufen in der Regel durch eine zentrale Eingangsstelle (Poststelle), werden dort mit dem Eingangsstempel versehen (Beweismittel!) und an die zuständige OE geleitet. Mitunter werden sie in der Poststelle im Posteingangsbuch (Tagebuch; Journal; heute wohl eher einer Datei) mit ihrer laufenden Nummer registriert. Dabei wird vermerkt, an welche OE der einzelne Eingang weitergeleitet wurde. Damit ist die OE „belastet“. Die Eingangstempel können ganz schlicht gestaltet sein oder auch eine Verfügungsleiste enthalten, die bereits die ersten Geschäftsgangsvermerke erlaubt.

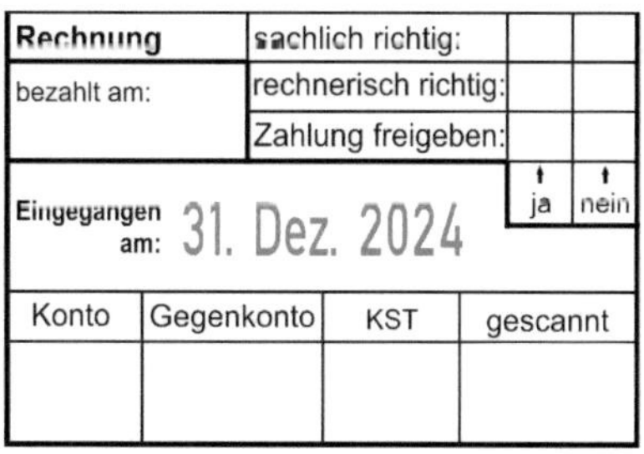

In der OE werden die Eingänge vom Leiter gesichtet und an die Sachbearbeiter verteilt, indem sie „auf den Arbeitsanteil ausgezeichnet" und gegebenenfalls weitere Geschäftsgangs- und Sichtvermerke angebracht werden.

Schon damit der Leiter den Überblick über den Arbeitsumfang in seiner OE behält, kann es zweckmäßig sein, direkte Eingänge beim Sb (z. B. per E-Mail) auszudrucken und zunächst dem OE-Leiter vorzulegen; die förmliche Auszeichnung auf den Sb ist dann entbehrlich. *Damit sind auch diese Eingänge ordnungsgemäß im Geschäftsgang.*

Die Leitung des Ausdrucks der direkt adressierten E-Mail über den zentralen Posteingang (dort Registrierung im Tagebuch) an den OE-Leiter ist ebenfalls möglich, um ein solches Schreiben in den Geschäftsgang zu bringen; natürlich entfällt auch hier die Auszeichnung auf den Sachbearbeiter, der ja den Eingang längst kennt und alles weitere selbst veranlaßt hat.

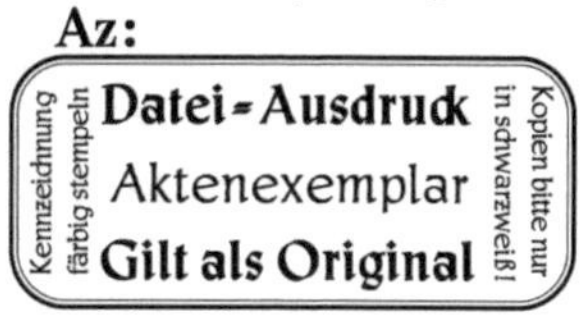

Manche OE schreiben vor, solche Ausdrucke als Original zu kennzeichnen.

Sicht- und Geschäftsgangsvermerke

Sie folgen in Behörden, Universitäten und selbst Unternehmensverwaltungen einem hierarchisch geordneten Farbcode, z. B.:

- grün = Minister, Rektor, Vorstand, Geschäftsführer, Leiter
- violett = parlamentarischer Staatssekretär, Prokurist, Ressortleiter, Hauptabteilungsleiter
- rot = Staatssekretär, Dekan
- blau = Abteilungsleiter

Die Bundeswehr und andere Behörden stufen noch weiter durch braune und hellblaue Stifte ab.

Gelegentlich sind (insbesondere im Kassenwesen) die Farben auch bestimmten *Funktionsgruppen* zugeordnet:

- rot = Kassenverwalter für Korrekturen
- grün = Revisoren
- violett = Kassenprüfer

Nicht direkt für Sicht- oder Geschäftsgangsvermerke, aber zu den Farbcodes gehörig, sei folgendes erwähnt: im Zeitungswesen hat Blau eine besondere Bedeutung, es wird gern zum Redigieren und für Korrekturen benutzt. Während anderswo finanzielle Ausgaben „dem Rotstift zum Opfer fallen", kann schon einmal „der *Blaustift* des Redakteurs Verstümmelungen im Artikel anrichten".

Für die gewöhnliche Schreibarbeit der Sb ist in der Regel „blau oder schwarz" vorgeschrieben, aber an manchen Stellen kann dies sogar auf schwarz beschränkt sein.

Da es diese Farbcodes zum einen nicht überall gibt und zum anderen *erhebliche* Unterschiede existieren, empfiehlt es sich für den Neuling in einer OE, gezielt nachzufragen. Das kann einem den Rüffel ersparen.

Kuriosum am Rande: der „Spiegel" berichtete 1996: *„Einen Minister schert der ganze Farbenzauber überhaupt nicht – Außenminister Klaus Kinkel. Der FDP-Mann schreibt, wie Mitarbeiter berichten, mal blau, mal grün, mal schwarz, wie es ihm gerade in den Sinn kommt. Doch ihn zu mehr Disziplin zu zwingen wäre kaum effektiv – Kinkel ist farbenblind."* [31]

---

[31] Der Spiegel; siehe Quellenverzeichnis Internet-Quellen

Als Sicht- und Geschäftsgangsvermerke sind unter anderem üblich:

- / Paraphe (oder auch nur Farbstrich) = Kenntnis genommen
- + [oder ++ oder # oder ‡] = Schlußzeichnung vorbehalten
  Das ist ausgerichtet auf den Fall, daß der Sb allein verantwortlich zeichnet und tritt bei „Zwei-Unterschriften-Pflicht" des Vieraugen-Prinzips meist in den Hintergrund. Es kann aber zum Beispiel die Zeichnung durch Stellvertreter untersagen (das heißt: Warten bis zur Rückkehr des Zeichnungsberechtigten)
  Gelegentlich wird wie folgend gestuft:
  + = *Verfügung [Entwurf, Konzept] zur Unterschrift vorlegen*
  ++ = *Verfügung und Reinschrift zur Unterschrift vorlegen*
- vA / nA = vor / nach Abgang vorzulegen
  Das dient vorrangig der Unterrichtung, gegebenenfalls (vor Abgang) als „Notbremse"
- R = Rücksprache [persönlich]
  oft vor *Bearbeitungsbeginn – um „die Linie" vorzugeben*
- fR oder Rf = fernmündliche Rücksprache / Rückspr. fernmdl.
- V = [mündlicher] Vortrag [persönlich] – *Erläuterung des Sachverhalts und Vorschlag für die Bearbeitung*
- B = [schriftlicher] Bericht – *mit Vorschlag für die Bearbeitung*
- U = urschriftlich
- ugR = (UgR, UR, uR o.ä.) urschriftlich gegen Rückgabe[32]
- Eilt! = bevorzugt zu bearbeiten
- Sofort! = vor allen anderen Vorgängen zu bearbeiten

Beschleunigungsvermerke sollten *zurückhaltend* verwendet werden, um ihre Wirksamkeit nicht zu beeinträchtigen.

---

[32] siehe unten, S. 139 ff.

Irrläufer, Rückleitung, Unzuständigkeit, Weiterleitung
Die Poststelle muß mangels tieferer Kenntnis der Sachbearbeitung auf *formale* Merkmale zurückgreifen, um die Eingänge einer OE zuzuordnen. Bei korrekter Adressierung und idealerweise Angabe des Aktenzeichens wäre die Weiterleitung bis zum zuständigen Sb einfach. Dieses Ideal wird allerdings nicht immer, sondern immer seltener erreicht. Im Zweifel oder Irrtum der Poststelle über die zuständige OE ist es daher normal, daß in der OE gelegentlich Schreiben einlangen, für die sie nicht zuständig ist.

„Echte Irrläufer" sind solche Schreiben, die zwar richtig adressiert sind, aber von der Poststelle an die falsche OE geleitet wurden. Sie werden *ohne* Abgabenachricht an den Einsender in die zuständige OE weitergegeben.

„Unechte Irrläufer" sind die Schreiben, bei denen sich erst am Anfang der Sachbearbeitung die Zuständigkeit einer anderen OE herausstellt; sei es wegen mangelhafter Adressierung und unvermeidlichem Irrtum der Poststelle, sei es aus anderen, sachlichen Gründen. So kommen zum Beispiel korrekt adressierte Umschläge mit falschem Inhalt vor (anderer Empfänger oder dergleichen). Bei ihrer Weitergabe in die zuständige OE kann eine Abgabenachricht an den Einsender zweckmäßig sein.

In beiden Fällen ist es effizient, falls die Eingänge zentral mit einer Tagebuchnummer registriert sind, sie an die Poststelle zurückzugeben oder über sie weiterzuleiten. Denn nur so kann *in einem Arbeitsgang* die Umzeichnung im Journal (dem zentralen Posteingangsbuch) veranlaßt werden *und* die zuerst empfangende OE kann sich unmittelbar entlasten.

Wird dagegen der Eingang – ohne Einschaltung der Poststelle und damit ohne Umzeichnung im zentralen Posteingangsbuch (Journal) – direkt an die zuständige OE weitergeleitet, kann es bei späterer Suche nach diesem Schreiben zu Mehraufwand kommen: sie beginnt neu bei der Poststelle, die anhand des Tagebuchs feststellt, daß mit diesem Eingang die OE *XYZ* belastet ist. Dort muß man erst wieder ermitteln, daß er (direkt) an die OE *ABC* abgegeben wurde (womit sich OE *XYZ* entlastet hat).

Die Weiterleitung über die Poststelle *mit der Bitte um Umzeichnung im Journal* kann solchen Mehraufwand vermeiden helfen. Es ist auch rücksichtsvoll und effizient, der Poststelle die zuständige OE (wenn man sie denn kennt) zu nennen, als lapidar zu sagen „nicht für uns". Denn dann fängt die Poststelle wiederum an, unter Zeitverlust den zuständigen Empfänger zu ermitteln und ihm das Schreiben zuzuleiten.

Auch eine *günstige Außenwirkung* kann solche innere Effizienz begünstigen, denn Zeitverluste zu vermeiden heißt, den Abschluß zu beschleunigen; sei es auch indirekt, weil das bei einer anderen OE liegt. Hier kann sich zeigen, ob man etwas beschränkter denkt oder „über den Tellerrand hinausblickt".

Urschriftliche Weiterleitung bietet sich an, wenn das Eingangsschreiben *nicht* über die Poststelle gelaufen und deshalb auch nicht im Journal eingetragen ist. Stellt der Sb die eigene Unzuständigkeit fest und kennt die zuständige Stelle, ist das Schriftstück in der Regel für seine Akten überflüssig und kann direkt weitergeleitet werden.

Es versteht sich von selbst, daß dann Zwischenmaterial mitgegeben wird, das schon bis zur Feststellung der Zuständigkeit der anderen Stelle entstanden ist, für die unzuständige Stelle aber entbehrlich sein dürfte.

Das schließt die fallweise gegebene Abgabenachricht mit ein: *„... haben wir an die zuständige Abteilung XYZ geleitet, weitere Nachricht erhalten Sie von dort“* signalisiert (ohne es ausdrücklich so zu schreiben), daß die zuständige OE, bitte sehr, tätig werden und dem Einsender antworten möge.

Ein kurzer Vermerk über die Weiterleitung in den eigenen Akten ist nützlich.

Exkurs: Zuständigkeit, Kompetenzkonflikte

Selbst in einer gut geordneten OE kann zunächst unklar sein, wer für die Sachbearbeitung oder die Federführung zuständig ist.

„Nehmen mehrere Sachbearbeiter, Referenten oder Abteilungen das Recht der Bearbeitung für sich in Anspruch, so spricht man von einem ‚positiven Kompetenzkonflikt‘, der durch eine Entscheidung des gemeinsamen Vorgesetzten, also unter Umständen des Behördenchefs, gelöst werden muß.

«*Weder durch sein gutes Herz noch durch die Neigung zu planloser Vielgeschäftigkeit darf sich ein Beamter dazu verleiten lassen, Sachen aufzugreifen und in Probleme hineinzusteigen, die ihn dienstlich nichts angehen.*»

Wenn für eine mühsame oder vielleicht gefährliche Angelegenheit kein Sachbearbeiter zuständig sein möchte, so liegt ein ‚negativer Kompetenzkonflikt‘ vor, der ebenso geregelt werden muß. Für den Behördenchef bieten solche Vorkommnisse gute Gelegenheiten zum Kennenlernen seiner Leute; sowohl die positiven wie die negativen Kompetenzkonflikte pflegen sich immer wieder bei den gleichen Persönlichkeiten zu ergeben!

Ferner ist für die Bearbeitung jeder Vorgesetzte des Sachbearbeiters zuständig, der ihm gegenüber ein Weisungsrecht hat, und zwar bis hinauf zum Behördenchef. Aber der Vorgesetzte, der das Dienstgeschäft ‚an sich zieht', muß den Sachbearbeiter mindestens nachträglich davon benachrichtigen. Da dessen Akten vollständig sein sollen, dürfen Eingänge und Entwurf oder Durchschlag der Antwort nicht im Chefbüro usw. verschwinden, sondern sie müssen zu denjenigen Akten gehen, in die sie sachlich gehören. Ist dies aus ganz besonderen Gründen nicht tunlich, so muß wenigstens ein kurzer Hinweis in die Akten kommen.

Tritt der Fall ein, daß zwischen dem Sachbearbeiter einerseits und seinem Abteilungsleiter oder dem Behördenchef andererseits eine sachliche Meinungsverschiedenheit besteht, so hat der Sachbearbeiter das Schreiben so anzufertigen, wie der Vorgesetzte es haben will. ... Aber er ist berechtigt, seinem Handzeichen die Worte «auf Anordnung» («a. A.») hinzuzufügen oder in einer anderen angemessenen Weise aktenkundig zu machen, daß er mit dem von ihm entworfenen Schreiben persönlich nicht einverstanden war. ... Großzügige und wohlwollende Vorgesetzte werden öfters selbst vorschlagen, daß ein Nachgeordneter, der nicht durch Gründe überzeugt werden kann, seine Bedenken durch das beschriebene Verfahren beruhigt."[33]

---

[33] [ab S. 121] Hübener, S. 68 f.; darin das kursive Zitat nach Ernst v. Harnack: *Die Praxis der öffentlichen Verwaltung*, Berlin 1936; 2. Aufl. 1951, S. 106

Die sachliche Bearbeitung der Eingänge

Bearbeitungsgrundsätze

Die Sachbearbeitung beginnt damit, daß der Sb den Eingang genau durchliest und erkennt, was zu tun ist und wie er das Ziel mit *möglichst wenig Aufwand an Zeit, Arbeitskraft und Kosten* erreicht. Wesentlich dafür ist, daß der Sb

- die Rechtsgrundlagen und das interne Regelwerk kennt und beides richtig auslegen und anwenden kann
- jede Sache ohne Verzögerung bearbeitet
  - Sofortsachen sind unverzüglich, Eilsachen vor den übrigen zu bearbeiten, Fristen müssen gewahrt werden.
  - Es darf nicht vorkommen, daß durch anfangs verzögerte Behandlung später Beschleunigungsvermerke nötig werden.
  - Fristverlängerungen sind rechtzeitig zu beantragen.
  - Kann eine Sache nicht in der vorgesehenen Zeit erledigt werden, sind Zwischenbescheide zu erteilen.
- um eine möglichst einfache Erledigung bemüht ist
  - mündlich oder fernmündlich = im direkten oder telefonischen Gespräch mit anderen Bearbeitern – **Ergebnisse sind festzuhalten,** und sei es in einem noch so kurzen Randvermerk
  - urschriftlich [gegen Rückgabe]

Soweit der Sb ein ausgehendes Schriftstück nicht selbst unterzeichnen darf, hat er *auf dem Entwurf oder Aktenexemplar* ***gegenzuzeichnen;*** er übernimmt damit *im Innenverhältnis* die Verantwortung für den Entwurf.

Nachdem sich der Sb die Aufgabe klargemacht hat, muß er entscheiden, welche Schriftstücke als Ergebnis herauskommen sollen. Dabei sollte er Feinheiten zu beachten.
Im Behördenbetrieb gibt es klare Unterschiede in der Rangordnung von Schreiben.

Schriftstücke der Über-, Unter- und Gleichordnung

Überordnung
Schriftstücke der Überordnung sind Dienstschreiben, die sich an Nachgeordnete oder auch an Außenstehende richten und Einzelfälle regeln. Sie werden *Verfügungen* genannt. Kommt eine Verfügung „von ganz oben“ spricht man auch oft vom *Erlaß*.

Unterordnung
Schriftstücke der Unterordnung sind die Berichte. Jedes Schriftstück, das an eine übergeordnete Dienststelle oder an einen persönlichen Vorgesetzten gerichtet wird, heißt in der Amtssprache *Bericht*, früher *Relation*. Von einem Bericht spricht man also auch dann, wenn es sich tatsächlich um eine Anfrage handelt. Der Bericht kann – das ist der Regelfall – auf Anforderung der höheren Dienststelle, aber auch „ohne Erlaß“ von Amts wegen [*ex officio*] erstattet werden. *Die Sprache des Berichts unterscheidet sich von der des Erlasses oder der Verfügung erheblich.* Keinesfalls darf der Vorgesetzte „ersucht“ werden, der Unterstellte kann nur „bitten“. Man spricht auch nicht von seinen eigenen „Mitteilungen“, sondern bezeichnet die eigenen Ausführungen als „Bericht“.

Gleichordnung

Wendet sich eine Behörde an eine andere Behörde, der gegenüber sie weder weisungsberechtigt noch gehorsamspflichtig ist, so spricht man schlechthin von einem *Schreiben.* Diese *Schreiben* sind Schriftstücke der Gleichordnung, in denen der anderen Seite etwas *mitgeteilt* wird.

Auch solche Schriftstücke sollen sich durch Höflichkeit und Zuvorkommenheit, andererseits aber durch Sicherheit und Selbständigkeit auszeichnen. Der Ton der Anordnung ist hier unbedingt zu vermeiden. Man „bittet" nur und kann allenfalls „ersuchen", doch wird in neuerer Zeit dieser Ausdruck, wie übrigens auch im Verkehr mit Privaten, als Schärfe empfunden und besser vermieden, sofern nicht etwa die Lage eine gewisse Härte des Ausdrucks wünschenswert macht.

Durch den Krieg und durch die Besatzungszeit sind in den behördlichen Schriftverkehr zwei Ausdrücke eingedrungen, die besser den Sprachgebrauch des Militärs vorbehalten bleiben würden, der *Befehl* und die *Meldung.* Die Zivilbehörde trifft besser nur *Anordnungen* und sie erstattet *Berichte.*[34]

Eine Büroordnung von 1950 mag sichtlich militärisch angehaucht sein, formuliert aber erfreulich eindeutig:

- Nachgeordnete Dienststellen melden, berichten, überreichen, legen vor, bitten. Ihnen wird befohlen, angeordnet, mitgeteilt, übersandt, sie werden angewiesen, ersucht.
- Gleichgestellte Dienststellen teilen mit, übersenden und bitten, ihnen wird mitgeteilt, sie werden gebeten.

---

[34] vgl. Hübener, S. 68

- Vorgesetzte Dienststellen befehlen, weisen an, ordnen an und ersuchen, ihnen wird gemeldet, berichtet und überreicht.[35]

Auch in den USA wird offenbar darauf geachtet, wer wem berichtet, wer also wem unterstellt ist: *„N. N. will report to me in his new position."*[36]

Sprachliche Feinheiten

Es gibt übrigens einen spürbaren sprachlichen Unterschied Richtung Süden: besonders in Österreich ist „ersuchen" nicht mit Schärfe verbunden, sondern der Normalausdruck.

Staaten untereinander und ihre Behörden legen Wert auf betonte Gleichrangigkeit, daher kennen wir dort zum Beispiel Amtshilfeersuchen, Auslieferungsersuchen und dergleichen, aber keine entsprechenden Bitten und erst recht keine Begehren oder gar Verlangen.

Übrigens führt die betonte Gleichheit zwischen Staaten auch zum sogenannten *Alternat*: in Verträgen wird die Partei, für die die jeweilige Urschrift bestimmt ist, zuerst genannt.

Die Unterscheidung nach der Rangordnung der Schriftstücke ist nur bedingt auf das Wirtschaftsleben übertragbar. Im Innenbetrieb eines Unternehmens können die Prinzipien sicher angewandt werden, doch im Außenverhältnis mit Kunden gilt grundsätzliche Gleichrangigkeit, „Augenhöhe".

---

[35] BStU: Vorläufige Geschäfts- und Büroordnung des Ministeriums für Staatssicherheit vom 18. April 1950; siehe Quellenverzeichnis Internetquellen
[36] Material der Berlitz-Sprachschule Englisch

Memorialschreibwerk

Der Aktenvermerk – eigenes Schriftstück oder Randvermerk
Aktenvermerke sind „immobil“: sie haben keinen Empfänger und können daher nicht in das Schema aus Über-, Gleich- und Unterordnung einsortiert werden. Sie gehören zum *Innenschriftgut* und werden aktenkundlich als *Memorialschreibwerk* bezeichnet.

Um Verwaltungshandeln nachvollziehbar zu machen, auch um Vertretern oder Nachfolgern die Arbeit zu erleichtern, sind über wichtige Sachverhalte *Aktenvermerke* zu fertigen, z. B. über Telefonate oder Absprachen oder zur Zusammenfassung von Zwischenständen. Dann empfiehlt sich ein eigenes Blatt.

Grundsatz: mündlich verhandelt, schriftlich festgehalten!

Ein Randvermerk (das Marginal; Mehrzahl: Marginalien) kann auch ausreichen. *Er sei ausdrücklich empfohlen.*

Wenn zum Beispiel eine durch aufgeblähten Verteiler, nutzlose Disclaimer und voluminöse Signaturen umfangreiche E-Mail mit anhängendem seitenlangen Vor-Schriftverkehr *gerade nicht* ausgedruckt und zum Vorgang genommen wird, sondern ihre Kernaussage zum Marginal gerinnt, dann ist das papiersparend, effizient, völlig ausreichend und der Beginn „hoher Kunst“ des Verwaltungshandelns durch *vorausschauendes Arbeiten:* Vertreter oder Nachfolger (oder man selbst bei einer späteren Neubearbeitung) müssen sich nicht durch Druckseiten voll irrelevanten Beiwerks kämpfen, sondern haben entscheidende Informationen sofort konzentriert vor Augen.

Aktenvermerke müssen mindestens paraphiert und mit der Tagesangabe versehen werden; die Zeichnung mit dem vollen Namenszug ist unschädlich.

Die Vorlage

Eine besondere Ausformung des Aktenvermerks ist die Vorlage. Hier ist die *urschriftliche Bearbeitung* in höchstem Maße ausgeprägt, mehrere Stellen einer OE arbeiten gemeinsam an ihr.

„Vorlagen sind die Hauptinstrumente der formalisierten Kommunikation zwischen der Arbeits- und der Leitungsebene eines Ministeriums. Sie dienen der Entscheidung oder der Unterrichtung, was in der Regel deutlich vermerkt wird, und sind in ersterem Fall mit einem Votum verbunden.

Sie tragen eine Geschäftsgangsverfügung, die alle zu durchlaufenden Hierarchiestufen bis zum Staatssekretär oder gar Minister aufführt. Jeder dieser Beamten hat die Möglichkeiten, mit dem ihm zugewiesenen Farbstift zu kommentieren, zu streichen oder zu ergänzen – und das sowohl auf dem Weg nach „oben“, zur Beeinflussung der anstehenden Entscheidung, als auch auf dem Rückweg nach „unten“, zur Interpretation und Ausgestaltung der getroffenen Entscheidung. Der knappe Platz bedingt dabei verknappte Äußerungen, die in einem hoch formalisierten Verfahren entstehen und verarbeitet werden. Die Vorlage ist ein recht komplexes Instrument.

Heutige Vorlagen kommen den im Briefstil gehaltenen Behördenschreiben in der Tat recht nahe, seit nämlich die Geschäftsgangsverfügung vom Ende des Kontexts in den Kopf des Schriftstücks gerückt ist, also an die Stelle einer Adresse.

Im Auswärtigen Amt geschah dieser Wandel um 1970. Dadurch wird der formengeschichtliche Ursprung der Vorlage verdeckt: der Aktenvermerk. In älteren Vorlagen wird dies deutlicher, schon allein durch die Selbstbezeichnung als „Aufzeichnung".

Der Aktenvermerk wird generell zu den immobilen Aufzeichnungen gezählt, die nicht zum Versand an einen Empfänger gedacht sind, sondern zum Festhalten von Wissen zum späteren Gebrauch der aktenführenden Stelle. Nun war es schon im 19. Jahrhundert üblich, solche Aufzeichnungen mit einem Votum zu versehen und höheren Orts zu vorzulegen. Sie deshalb aber mit Meisner „besser zu den Berichten (Verkehrsschriftstücken)" zu rechnen, berücksichtigt zum einen nicht genügend die formalen Eigentümlichkeiten des Aktenvermerks, insbesondere die Ersetzung der Adresse durch einen Geschäftsgangsvermerk, der mitunter sogar in den Kontext integriert ist. Zum anderen verwischt die Einordnung in das bekannte Schema von Erlass und Bericht die Urschriftlichkeit als Grundcharakteristikum der Behördenarbeit mit Vorlagen: Auf eine Vorlage folgt eben kein Erlass im Sinne eines separaten oder auch nur aufgesetzten, jedenfalls eigenständigen Schreiben, sondern verschiedene Stellen arbeiten (unter Wahrung der Hierarchie: kollaborativ) an demselben Dokument."[37]

Die Vorlage im hier besprochenen Sinne darf nicht mit der politischen Vorlage verwechselt werden, und auch mit Mustertexten hat sie nichts zu tun.

---

[37] vgl. Berwinkel: Aktenkunde; hier speziell: „Vorlagen als Kategorie der Systematischen Aktenkunde" vom 29. 8. 2013

Protokolle (Niederschriften)

Eine weitere *besondere Art von Aktenvermerken* sind die Protokolle. Ihr Name stammt vom mittellateinischen *protocollum* ab, welches selbst aus dem mittelgriechischen *πρωτόκολλον*, *protókollon* (von *πρώτος* = *prótos* = erster und *κόλλα* = *kólla* = Klebe, Leim) mit der Ursprungsbedeutung „[den amtlichen Papyrusrollen] vorgeleimtes Blatt" entlehnt wurde. Ein *protókollon* war zuerst ein vorn an Papyrusrollen geklebtes Blatt mit bibliographischen Daten, entspricht also etwa dem heutigen Aktendeckel. Später übertrug sich der Begriff auf andere chronologische Aufzeichnungen, bis hin zur französischen Diplomatie, wo das Wort schließlich eine „Sammlung von Regeln" bezeichnet.

Das hier betrachtete Protokoll im Sinne der Bürokunde ist die Niederschrift über geschehene Dinge. Daß es andere Aspekte einer „Protokollierung" gibt, zum Beispiel technische Aufzeichnungen oder das Festhalten der Werte von wissenschaftlichen Versuchsreihen, sei hier erwähnt, aber nicht weiter ausgeführt.

An eine Protokollierung im Sinne einer *beweisfesten Aufzeichnung* werden hohe Anforderungen gestellt. Darunter fallen insbesondere folgende Gesichtspunkte:

- die inhaltliche Richtigkeit
- die Vollständigkeit
- die Erheblichkeit der erfaßten Vorgänge oder Ereignisse
- die Echtheit der Urheberschaft
- die Gültigkeit des Protokolls

Nur bei Gewähr dieser Anforderungen kann ein Protokoll zuverlässig Auskunft geben. Liegt die Gewähr inhaltlicher Richtigkeit des Protokolls vor, kommt ihm *positive Beweiskraft* zu. Durch die positive Beweiskraft wird nachgewiesen, dass die protokollierten Vorgänge oder Ergebnisse wie erfaßt stattgefunden haben.

Ist die *Vollständigkeit* sichergestellt, kann einem Protokoll auch eine *negative Beweiskraft* zugeschrieben werden. Dadurch wird der Beweis erbracht, daß nicht beurkundete Vorgänge nicht stattfanden und daß nicht beurkundete Ergebnisse nicht zustande kamen.

Die *Gültigkeit* eines Protokolls wird in der Regel mit den Unterschriften des Protokollführers *und* des Sitzungsleiters hergestellt. In speziellen Konstellationen gibt es auch besonders vereidigte Protokollführer, die das Protokoll allein unterschreiben (und dann meist auch siegeln), zum Beispiel im Rechtswesen.

Verhandlungsprotokolle haben eine *feste äußere Form:*

- **Protokollkopf:** er enthält genaue Angaben:
  - Anlaß (Titel der Veranstaltung, Veranstalter)
  - Datum, Beginn und Ende
  - Ort, Anwesende, Abwesende, Verteiler
  - Protokollführer, Vorsitz der Sitzung
  - Thema und Auflistung der Tagesordnungspunkte (TOP)
- **Protokollrumpf:** die eigentliche Niederschrift
- **Protokollfuß:** Ort, Tag und Unterschrift des Protokollführers rechts und die des Versammlungsleiters links (mitunter erst nach Genehmigung in der nächsten Sitzung)
  - manchmal mit der „Protokollformel“ vor den Unterschriften:
  - sehr klassisch: *a. u. s.* = *actum ut supra* = geschehen wie oben [geschrieben]; gelegentlich auch so: *g. w. o.*

- bei Vernehmungsprotokollen: *v. g. u.* = vorgelesen, genehmigt, unterschrieben oder *g. g. u.* = gelesen, genehmigt, unterschrieben – der Vernehmende zeichnet dann mit dem Vermerk *„geschlossen"* und seiner Paraphe oder Unterschrift

Erst durch (mindestens) zwei Unterschriften wird das Protokoll zur Urkunde mit besonderer Beweiskraft.

Mit der *Echtheit* der Urheberschaft des Protokolls steht und fällt seine gesamte Beweiskraft. Der Nachweis der Fälschung entkräftet das gesamte Protokoll. Schon dem Verdacht sollte entgegengewirkt werden, besonders mit Blick auf elektronische Verteilung des endgültigen Dokumentes. Während auf einem Originalschriftstück die Unterschriften prüfbar sind, ist das bei einfachen Dateien nicht der Fall. Liegt das Protokoll nur als veränderbare Datei vor, kann von Beweiskraft keine Rede sein. Wenigstens sollte eine fixierte Dateiform verwendet werden, etwa das *.pdf-Format. Wenn sie aus dem Text generiert wird (und nicht als Bilddatei eingelesen wird), hat sie den Vorteil der elektronischen Durchsuchbarkeit. **Maßgeblich bleibt indes einzig das unterschriebene Papierexemplar.**

Ein von nur einer Person gefertigtes Schriftstück ist und bleibt dem Wesen nach ein bloßer Aktenvermerk oder gar nur eine private Notiz. Es gehört zum Memorialschreibwerk und kann Indizien liefern, indes nicht den Anspruch besonderer Glaubwürdigkeit erheben. Das steht nur dem zweifach unterschriebenen Protokoll zu.

Ebenso verhält es sich mit dem sogenannten Gedächtnisprotokoll – es ist Memorialschreibwerk mit Indiziencharakter; vielleicht hilfreich, aber ohne besondere Beweiskraft.

Bearbeitungsverfahren

Wenn die eigentliche Sachbearbeitung mit Einholen von Informationen, Beteiligung anderer OE, ggf. Entscheidung durch Vorlage usw. zum Ergebnis gekommen ist, muß der Vorgang ablagereif erledigt werden.

Schriftlich abzuwickelnde Geschäftsfälle werden regelmäßig dadurch erledigt, daß

- eine *Büroverfügung* gefertigt wird, die das Konzept (den Entwurf) für die sachliche Erledigung des Falles sowie weitere Bearbeitungsanweisungen enthält und damit den Rahmen für den Ablauf setzt
- ein *Schreiben* an den Empfänger abgesendet wird
- das *Konzept (der Entwurf)* bzw. der *Durchschlag* zu den Akten der absendenden Stelle genommen wird
  An die Stelle des mittels Kohlepapier gefertigten Durchschlages aus der Zeit der Schreibmaschine ist heute eine Kopie der Reinschrift getreten.

Dabei kommen zwei unterschiedliche Bearbeitungsverfahren in Betracht, je nach Komplexität des Falles:

- entweder es wird ein besonderes Konzept (ein Entwurf) erarbeitet, nach dem später die Reinschrift gefertigt wird (Konzeptverfahren, Entwurfsverfahren)
- oder das Bearbeitungsergebnis wird gleich in einem versandfertigen Schreiben niedergelegt; dann wird anstelle des besonderen Konzeptes der Durchschlag bzw. die Kopie zur Akte genommen (Reinschriftverfahren).

Das Konzeptverfahren (Entwurfsverfahren)

Beim Konzeptverfahren wird vom Sb in einem besonderen Schriftstück der gesamte Arbeitsablauf zur Erledigung des Vorgangs genau festgelegt. Mitunter wird das Dokument auch statt als „Konzept“ als „Entwurf“, „Beschluß“ oder „Aktenverfügung“ oder schlicht „Vfg.“ (Verfügung) gekennzeichnet. Dieses Schriftstück ist, unabhängig von seiner Benennung, die oben genannte *Büroverfügung*.

Die sprachliche Unschärfe zwischen dem Oberbegriff *Büroverfügung* und den in ihr enthaltenen einzelnen *Verfügungen* (d. h. Anweisungen über das weitere Vorgehen) ist gewachsen und nicht mehr auszumerzen. Um so wichtiger ist die Kenntnis dieser Unschärfe für die Klarheit im Denken.

Eine Unterscheidung zwischen Konzept und Entwurf wird seit den 1870er Jahren bis heute im Auswärtigen Amt gepflegt: *es kann viele Entwürfe geben, aber immer nur ein Konzept*, und dieses Konzept ist Basis für die Fertigung der Reinschrift (des Mundums).

Auch in Österreich wurde unterschieden: „Der Korrektur- und Genehmigungsprozess muss auf dem Schriftstück dokumentiert werden (Revisionsvermerke). In sehr strenger Auslegung sind eigentlich nur entsprechend paraphierte Schriftstücke (revidierte) Konzepte, alles andere wäre im Grunde bloß als Entwurf zu bezeichnen. Entwurf wurde aber in neuerer Zeit zunehmend auch das Konzept genannt.“[38]

---

[38] Hochedlinger, S. 80

Die Deutsche Reichsbahn in der DDR sprach wechselweise vom Konzept oder vom Entwurf und setzte den jeweils anderen Begriff in Klammern dahinter.[39]

In Unkenntnis dieser Feinunterscheidung ist die Verwendung des Begriffs „Entwurf" weiter verbreitet als „Konzept".

Die Büroverfügung ist numerisch nach „Angaben" gegliedert, „1)" ist häufig ein „Vermerk", der den bisherigen Informationsstand konzentriert zusammenfaßt. Insofern ist der Entwurf/das Konzept/die Büroverfügung eine *Zusammenfassung aus einem Vermerk (der Geschehenes darstellt) und Verfügungen (die Künftiges regeln).* Er enthält *den Inhalt* eines an den Empfänger gerichteten Schreibens und in den folgenden Angaben die Verfügungen, wie der Vorgang geschäftlich weiterzubehandeln ist.

Dieses Bearbeitungsverfahren ist geeignet, wenn es schwierige und umfangreiche Texte zu erarbeiten gilt oder mehrere Stellen an der Erledigung des Falles beteiligt sind, so daß die ursprüngliche Fassung voraussichtlich noch geändert wird. Es ist auch zu erwägen, wenn Reinschriften vervielfältigt werden sollen.

Die Angabe „2)" ist sehr häufig das „Schreiben an ...", es sei denn, *vorher* sind andere Stellen zu beteiligen.

Die genaue Festlegung des weiteren Geschäftsganges durch weitere *verfügende* Angaben ist unbedingt nötig, wenn sich der Sachbearbeiter – in stark arbeitsteiligen Organisationen – nicht um die Erledigung zu kümmern braucht; die Ausführung ist dann Sache des Schreibdienstes.

---

[39] Deutsche Reichsbahn: DV 182; Verkehrswesen der DDR: DV 0185

In einfachen Fällen oder wenn für das Schreiben an den Empfänger ein Muster oder ein Vordruck verwendet wird, genügt ein abgekürzter Entwurf, d. h. eine stichwortartige Anweisung, nach der eine Hilfskraft oder der Schreibdienst die Reinschrift fertigt, zum Beispiel „2) Abgabenachricht nach Vordruck“ oder dergleichen.

Etwas komplizierter ist es natürlich, wenn schon zum Konzipieren des Ausgangsschreibens fehlende Informationen eingeholt werden oder andere OE sonstwie beteiligt werden müssen.

Eine besondere Form der Beteiligung anderer OE ist die *Mitzeichnung*. Sie erscheint oft nur auf dem Konzept, nicht aber in der später ausgehenden Reinschrift des Ausgangsschriftstücks.

Die dem „Schreiben an ...“ folgenden Angaben sind meist Fertigungs-, Absende-, Benachrichtigungs-, Verteil- und Nachweisverfügungen oder -vermerke. Am Ende steht in der Regel die „Wv“- oder die „z. d. A.“-Verfügung.

Es sei an dieser Stelle noch einmal auf die Vorteile der urschriftlichen Bearbeitung hingewiesen. Solange eine andere OE mit der Ergänzung, Stellungnahme oder Mitzeichnung des Konzepts befaßt ist, kann der federführende Sb ohnehin nicht an dem Vorgang arbeiten. Die beteiligte OE dagegen kann erkennen, was sie *nicht* mehr zu ergänzen braucht, weil es schon beim Vorgang ist. Das spart unnütze Doppelarbeit. Wenn Stellungnahmen kurz genug sind (*ein* Wort kann ja genügen), können sie direkt auf das Konzept geschrieben werden (paraphieren!), eine gesonderte Nachricht auf eigenem Blatt entfällt. Und nicht zuletzt muß kein aus dem Urlaub kommender Sb seine Zeit damit vergeuden, aus seinen E-Mail-Eingängen jene Nachrichten auszusortieren, die (etwa durch seinen Vertreter) längst erledigte Vorgänge betreffen.

Gelangt der ergänzte Vorgang mit dem gegebenenfalls mitgezeichneten Konzept zum Ursprungsbearbeiter zurück, braucht dieser wiederum nicht verschiedene Informationen zusammenzuführen, E-Mails auszudrucken und zum Vorgang zu nehmen und so weiter.

Nur bei *echter* elektronischer Aktenführung würde dies technisch *abgebildet* werden – und auch dort wäre *ein* „Original" des Vorgangs unterwegs, ganz wie bei papierbasierter Arbeit.

Konzepte sind Werkzeuge, und Werkzeuge dürfen Gebrauchsspuren tragen. Die Feststellung des aktuellen Bearbeitungsstandes und die Nachvollziehbarkeit der Arbeitsschritte (wer hat wann was festgehalten, ergänzt, verfügt) müssen jedem Bestreben nach „Schönheit" vorgehen. Nur bei sehr umfangreichen Änderungen, wenn die Übersichtlichkeit zu leiden beginnt, kommt die Anfertigung eines neuen „Reinkonzepts" in Frage (wodurch das bisherige Konzept zum bloßen Entwurf wird). Bereits vollzogene Mitzeichnungen werden dann, wie bei Abschriften, durch „gez. ..." dargestellt, falls nicht aus besonderen Gründen die Mitzeichnung nochmals getätigt werden muß.

Da nur Reinschriften unterschrieben, Konzepte aber lediglich paraphiert werden, müßte es natürlich heißen „gez. Rö 11. VII." oder „gez. Me 11/7" – je nach dem wie der Paraphierende sein Datum geschrieben hat.

Konzepte enthalten *erheblich* mehr Informationen als die am Ende abgegangenen Reinschriften.

Das Reinschriftverfahren (Durchschlagverfahren)

Bei diesem Verfahren werden die Reinschrift und das Konzept (der Entwurf) *in einem Arbeitsgang* hergestellt. Die Angaben für die weitere Behandlung werden gesondert in das Aktenexemplar eingefügt, *und dadurch wird es zur Büroverfügung.* Früher geschah das mittels Durchschlags auf der Schreibmaschine und handschriftlichen Ergänzungen, heute wird an dessen Stelle ein zweiter Ausdruck oder eine Kopie der Reinschrift stehen.

Die neue Technik gibt einer Verwechslungsgefahr Raum: war ein Maschinendurchschlag schon am Papier sofort erkennbar, kann man Kopien nicht immer auf den ersten Blick als solche ausmachen, besonders Farbkopien. Daher empfiehlt es sich, die Kopie *farbig* als „Aktenexemplar" (oder „Konzept", „Vfg." oder „Entwurf") zu kennzeichnen und darauf zu achten, daß sie *nur paraphiert, nicht aber vollständig unterschrieben* wird.

Moderne Textverarbeitungsprogramme machen es möglich, die internen „Angaben" als „verborgenen Text" zu formatieren und diesen nur auf dem Aktenexemplar auszudrucken – das spart handschriftliches Einfügen und sieht zum Beispiel bei einer Mitzeichnungsleiste auch besser aus.

Weil dieses Verfahren den Arbeitsablauf vereinfacht und wirtschaftlicher ist, sollte es so oft wie möglich eingesetzt werden. Es kann wesentlich gefördert werden, wenn der Zeichnungsbefugte von belanglosen oder geringfügigen Änderungen absieht.

Auf das Aktenexemplar (sei es nun Konzept oder Kopie der Reinschrift) gehört zwingend der Absendevermerk!

Urschriftlicher Verkehr

Der urschriftliche Verkehr dient der Vereinfachung des Geschäftsganges, unabhängig davon, ob für das ausgehende Schreiben am Ende das Konzept- oder das Durchschlagverfahren angewandt wird.

Der urschriftliche Verkehr wurde nötig, als in den alten Verwaltungen des 19. Jahrhunderts das Abschreiben, das Fertigen von Auszügen und Anschreiben zur Weiterleitung, das faktische Kopieren großer Aktenteile und die damit verbundene Belastung der Registraturen und die Verknappung des Lagerplatzes für die Akten solche Ausmaße angenommen hatte, daß der Mehraufwand nicht mehr zu ertragen war und die Abläufe dringend einer Verschlankung bedurften.

Nun war die Registratur entlastet, *der Vorgang wurde nicht parallel von mehreren Stellen bearbeitet, denn es gab ja nur eine „umherwandernde" Akte,* und wo sie gerade nicht auf dem Schreibtisch des Sachbearbeiters lag, konnte dieser seinen anderen Aufgaben nachgehen. Erst nach Rückkehr der nunmehr ergänzten Akte mußte er sich wieder damit befassen.

Eine Wiederbelebung des urschriftlichen Verkehrs könnte zu deutlichen Einsparungen an Arbeitszeit führen, denn was vor hundert Jahren durch überbordende Abschriften und Auszüge zum Problem wurde, geschieht heute – noch bequemer und daher teils noch stärker ausufernd – durch gedankenlose E-Mail-Weiterleitungen, besonders solche mit aufgeblähtem Verteiler. Diese haben wiederum Mehrfachbearbeitung und Aufwand für das Zusammenführen der Ergebnisse zur Folge.

Urschriftlicher Verkehr erspart ein gesondertes Begleitschreiben oder eine selbständige Ausfertigung, die bei Behörden noch bis ins 19. Jahrhundert, bei Gerichten noch länger im inneren Verkehr üblich gewesen war. An der Wende zum 20. Jahrhundert war das derart ausgeufert, daß man mündliche oder fernmündliche Klärung – oder eben urschriftlichen Verkehr – in Routinesachen vorschrieb. [40]

Die früheren Verfügungen *„(originaliter) brevi manu“* = „(im Original) kurzer Hand“ [Kurzerhand] oder *„im kurzen Weg“ „(ikW)“* dürften inzwischen etwas aus der Mode gekommen sein. Für Historiker, insbesondere Aktenkundler, sind sie indes durchaus interessant.

Heute sind, statt Verfügungen direkt auf das Schriftstück zu setzen, beigefügte Vordrucke wie „Kurzbrief“ oder „Begleitmitteilung“ üblich, in denen das Zutreffende angekreuzt oder unterstrichen werden kann (zum Verbleib, zur Stellungnahme o. ä.) und noch Platz für kurze Bemerkungen ist.

Ohne Anschreiben

Zutreffendes unterstreichen

von ______ an ______

zwecks

Rücksprache (pers./telef.)
Kenntnisnahme
Erledigung
Stellungnahme
Unterschrift

Entscheidung
Verbleib
Rückgabe
Weitergabe an

Datum ______ ______ Unterschrift

Begleitzettel im Format DIN A 7

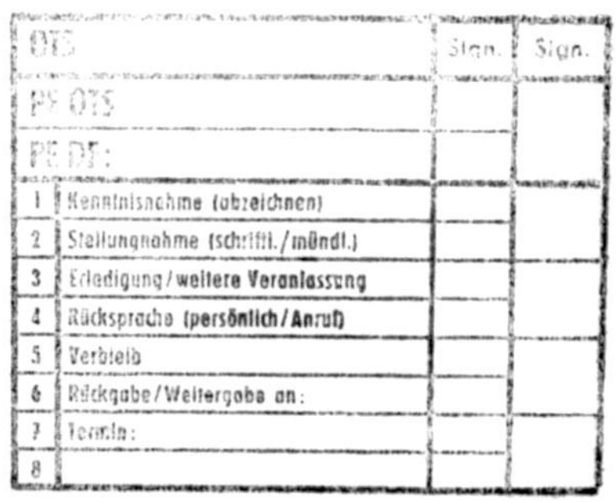

OTS	Sign.	Sign.
PS OTS		
PS DT:		
1 Kenntnisnahme (abzeichnen)		
2 Stellungnahme (schriftl./mündl.)		
3 Erledigung / weitere Veranlassung		
4 Rücksprache (persönlich / Anruf)		
5 Verbleib		
6 Rückgabe / Weitergabe an:		
7 Termin:		
8		

Stempel für urschriftlichen Verkehr

---

[40] vgl. Hochedlinger, S. 94

U.* = *urschriftlich

Werden die Schriftstücke für die eigene Arbeit nicht benötigt, können sie mit dem Vermerk „U." = „urschriftlich" an die zuständige OE abgegeben werden, ggf. mit einer kurzen eigenen Bemerkung. Das entlastet die eigene Registratur. Wenn ein Verbleibsnachweis zweckmäßig ist, kann er durch Eintrag in ein Verzeichnis (z. B. falls das Schriftstück schon registriert war, am zugehörigen Datensatz; sonst etwa in einem Posteingangsbuch, einer Durchlaufliste o. ä.) gesichert werden. In die Akten kommt gegebenenfalls *ein* Blatt, nämlich die Kopie der Seite des Schriftstücks mit dem eigenen Weiterleitungsvermerk.

U. g. R.* = *urschriftlich gegen Rückgabe

Weitere Varianten sind zum Beispiel „u. R."/„U. R." = „unter Rückerbittung". Gegenüber Ranghöheren setzte man früher *sub petitio (sub voto) remissionis* als Bitte, gegenüber Ranggleichen *cum insinuatione remissionis* als Ersuchen, an Rangniedrigere *sub lege remissionis* als Anweisung.

Ist dic Mitwirkung anderer OE nötig, etwa durch Ergänzung von Unterlagen, Stellungnahme, Abstimmung oder Mitzeichnung, ist die urschriftliche Weiterleitung der Akte gegen Rückgabe nützlich. Die mitwirkende OE muß nur bearbeiten, wofür sie sachlich zuständig ist, das andere darf sie ignorieren, kann es aber zur Kenntnis nehmen. Ob sie nach Aktenrückgabe überhaupt etwas zurückbehält, etwa Auszüge, oder ob sie einen Nachweis führt, kann sie selbstbestimmt entscheiden. Jedenfalls muß sie ihren eigenen Schriftgutbestand nicht mit etwas belasten, was sich in der Registratur einer anderen OE findet.

U. g. W. = urschriftlich gegen Weitergabe

Ist erkennbar, daß das Schriftstück für die eigenen Akten entbehrlich ist, vor Empfang durch die endgültig zuständige OE aber noch andere OE durchlaufen soll, empfiehlt sich dieser Vermerk. Er ist vor allem rücksichtsvoll: wenn der abgebende Sachbearbeiter weiß, daß die abschließende Bearbeitung in der OE *X* nicht ohne Mitwirkung der OE *Y* möglich ist, ist es kurzsichtig, das Schriftstück direkt an die OE *X* abzugeben, denn diese muß es wiederum „U. g. R." an die OE *Y* leiten. Das ist Arbeitszeitvergeudung.

Nehmen wir ein Praxisbeispiel aus einem stark arbeitsteiligen Unternehmen mit zentralem Posteingang, aber ohne Zentralregistratur. Eine OE empfängt ein Schriftstück mit der Posttagebuchnummer im Eingangsstempel und erkennt nach der Registrierung mit eigenen Aktenzeichen, daß eine andere OE sachlich zuständig ist. Eine spätere Suche nach diesem Schriftstück könnte in der Poststelle beginnen (von *A* unter Datum *B* mit Referenz *C* eingegangen, im Posttagebuch eingetragen unter lfd. Nr. *123* und weitergeleitet an OE *X*), z. B. weil der Einsender die Antwort vermißt – darum ist es zweckmäßig, die (endgültig) empfangende OE im zentralen Posteingangsbuch ändern zu lassen. Also geht das Schriftstück „U. g. W." an Poststelle *mit der Bitte um Umzeichnung im Posteingangsbuch zur Weiterleitung an OE Y; Abgabenachricht wurde erteilt.* Bei der OE *X* genügt in ihrem Aktenverzeichnis (heute wohl am ehesten in EDV-Form) am Datensatz des bereits registrierten Vorgangs ein Vermerk über die Weiterleitung und Abgabenachricht. Ist die zuständige OE *Y* säumig, führen beide Wege zu ihr: von der Poststelle mit der umgezeichneten Journalnummer[41] wie auch von der OE *X* mit Weiterleitvermerk (nach Abgabevermerk an den Einsender) an *ihrem* Aktenzeichen.

U. g. W. u. R. = urschriftlich gegen Weiter- und Rückgabe

Bei der Beteiligung mehrerer OE an der Sachbearbeitung wird dieses Verfahren eingesetzt. Auch hier ist es rücksichtsvoll, die Bearbeitungsschritte vorauszusehen und die Reihenfolge der Weiterleitung entsprechend anzuordnen. Wenn die OE *C* sich voraussichtlich kein Urteil bilden kann, ohne die von den OE *A* und *B* beizufügenden Unterlagen zu kennen, wäre es grober Unfug, den Vorgang direkt an die OE *C* zu leiten statt zunächst an die OE *A* und *B*.

Umlauf

Umläufe wären an sich Vorgänge nach dem vorigen Punkt, denn sie werden urschriftlich weiter- und am Ende zurückgegeben. Sie unterscheiden sich aber darin, daß sie für gewöhnlich nicht konkrete Fälle betreffen, sondern der allgemeinen Unterrichtung durch Kenntnisnahme dienen. Gesetz-, Verordnungs- und Mitteilungsblätter, die Presseschau, Fachzeitschriften, Weisungen und dergleichen mehr sind Kandidaten für den Umlauf.

Tendenziell wird dieses Urmaterial später eher in einer Sammlung oder Dokumentationsstelle als in den Akten landen.

---

[41] Das (zentrale) Posteingangsbuch wurde und wird häufig als Journal bezeichnet; bei Polizeidienststellen als Tagebuch (ohne „Post-"). Gerade dort ist die „Tgb.-Nr." noch heute ein enorm wichtiges, ja, das mitunter entscheidende Suchkriterium. – Zur Tagebuchführung vgl. a. S. 236 ff.

Die einzelnen Sb bestätigen ihre Kenntnisnahme und geben das Material weiter. Häufig werden dem Schriftstück Umlaufzettel angeheftet, auf denen die Sb mit ihrer Paraphe die Kenntnisnahme bestätigen. Eine andere, noch schlankere Variante ist die, daß die Sb mit Namen oder – noch stärker konzentriert – mit Kürzeln auf dem Umlaufzettel vorgedruckt sind, nach Kenntnisnahme sich selbst ausstreichen und das Stück dann an den nächsten Sb weitergeben, dessen Name oder Kürzel noch nicht ausgestrichen ist.

Umlauf

Betreff:

	Abteilung/Name	Weitergabe am	Unterschrift
1			
2			
3			
4			
5			
6			
7			
8			
9			
10			

nach Umlauf zurück an:

Abteilung Tag Unterschrift

VD-5.1.-02 V-VI C

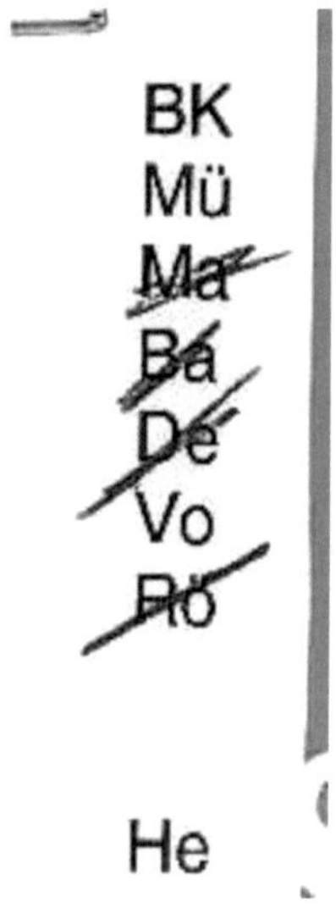

Inhalt, Sprache und Form der Schreiben

Unabhängig vom Bearbeitungsverfahren sind Inhalt und Sprache der Schreiben von entscheidender Wichtigkeit. Das gilt sowohl für internes Schreibwerk als auch für das Endprodukt, das ausgehende Schriftstück.

Neben der äußeren Form, zu der es meist interne Festlegungen gibt, muß gerade auch auf die innere Gestaltung und auf den sprachlichen Ausdruck Wert gelegt werden. Die Bandbreite ist enorm und reicht vom sich modern gebenden Unternehmen über bewußt konservative Firmen bis zu betont sachlichen Rechtsanwaltskanzleien und zu Behörden. Alle sollten folgenden Grundsätzen gerecht werden:

Jedes Schreiben soll eindeutig und allgemeinverständlich, erschöpfend, aber nicht weitschweifig sein. Selbstverständlichkeiten zu erwähnen, ist Zeitverschwendung für den Verfasser wie für den Leser. *Nicht* der *Schriftsatz ist gut, dem man nichts mehr hinzufügen kann, sondern der, von dem nichts mehr wegzulassen ist.* Die anzustrebende Kürze im Ausdruck sollte indes weder schroff sein noch das Verständnis erschweren.

Verständnisvoll abgefaßte Schreiben, besonders bei solchen, die Härten mit sich bringen, werden von den Empfängern als wohltuend empfunden. Man hüte sich aber vor Übertreibungen, denn auch nichtssagende hohle Phrasen oder anbiedernde Formulierungen sind nicht zielführend.

Der Schriftsatz soll sich durch schlichte, höfliche Sprache in einem gepflegten Deutsch auszeichnen. Zu vermeiden sind alle überflüssigen Zusätze und Wiederholungen, ein steifer Satzbau mit vielen Hauptwörtern, insbesondere solchen auf „-ung", das fast immer durch ein einfaches Verb ersetzbare Wort „erfolgen" sowie entbehrliche Fremd- und Modewörter. Eine gewisse Vorsicht ist auch beim Gebrauch von Fachausdrücken angebracht; sie sollten nur verwendet werden, wenn sicher ist, daß der Empfänger sie auch versteht. Dann allerdings sind sie sehr zu empfehlen, denn wenn Fachleute untereinander schreiben, können sie Sachverhalte in Begriffe konzentrieren und damit auf beiden Seiten Zeit sparen. Dasselbe gilt für Abkürzungen.

Eine Möglichkeit im Zweifel, ob der Angeschriebene Fachausdrücke oder Abkürzungen kennt, liegt darin, das Wort beim ersten Mal zwischen Parenthesen (in Klammern) zu erläutern oder die Abkürzung auszuschreiben und in Klammern zu setzen; danach wird dann fließend weitergeschrieben.

Die Schrift ist nicht zum Schreiben da – sondern um gelesen zu werden. Der Zweck des Textes ist nicht, geschrieben, sondern gelesen zu werden. Die wichtigste Überlegung *vor* dem Abfassen jedes Schreibens ist die zum Empfänger. Zu viele Fach- und Fremdwörter können gegenüber ungeübten externen Empfängern grob unhöflich sein, abgesehen davon, daß der Zweck des Schreibens sinnlos verpufft, weil es nicht verstanden wird. Die Begriffe sind also zu erläutern oder zu umschreiben; wenn es zweckmäßig ist, auch umgangssprachlich.

In der Gegenrichtung wären aber, wenn sich das Schreiben an Fachleute richtet, diese Erläuterungen oder Umschreibungen vor allem Vergeudung von Schreib- und Lesezeit, denn im Eindampfen auf das Nötigste liegt ja der Sinn von Fachbegriffen.

Die Sprache ist *das* Werkzeug des Sachbearbeiters, und beim Verfassen von Texten zeigt sich letztlich seine Eignung für einen Posten: hat er den Sachverhalt verstanden und ist er in der Lage, die sachlich richtigen Schlüsse und Entscheidungen verständlich dem Empfänger „herüberzubringen“, dann ist es gut. Ist auch nur ein Element davon nicht vorhanden, wird das zum Problem: Denken am Sachverhalt vorbei ist ebenso nachteilig wie falsche Schlußfolgerungen und Entscheidungen, und auch unnütz aufgeblähte oder unverständliche Schreiben sind unterm Strich schädlich.

Anreden und Schlußformeln blieben früher im behördeninternen Schriftverkehr weg, während sie in externen Schreiben zumindest teilweise verwendet wurden. Das war alles andere als unhöflich, sondern diente durch das Weglassen allen schmückenden Beiwerks der Konzentration aufs Wesentliche, mit modernem Ausdruck: der Effizienz.

Die Tendenz geht heute wieder dahin, auch intern mit Anrede und Schlußformel zu arbeiten; dabei sind informelle Varianten wie „Hallo (zusammen)“ oder „Guten Tag, Frau ...“ in den letzten Jahren stärker zu beobachten, besonders im E-Mail-Verkehr.

Die persönliche Form der Schreiben, also die Ich-Form, ist an sich vorzuziehen, jedoch gibt es oft die Vorgabe, daß nach außen gehende Schreiben in der Wir-Form abzufassen sind.

Im Fluß ist auch die Benennung Dritter. Hieß es früher: „Die Höflichkeit verlang, von Dritten nicht als «Hans X.», sondern von «Herrn Hans X» zu sprechen“, wird man heute eher den Vornamen weglassen und von «Herrn X.» sprechen.

Wie wird gezeichnet: Namenszug versus Paraphe, mit oder ohne Datum

Reinschriften (Munda, Ausfertigungen), die an Kunden usw. abgesandt werden, erhalten die *vollständige Unterschrift;* interne Buchhaltungsbelege zusätzlich die Tagesangabe.

Dagegen werden Entwürfe, Konzepte, Aktenexemplare von abgesandten Schreiben, Randvermerke in der Akte usw. nur mit dem Namenskurzzeichen, der Paraphe, versehen (= paraphiert) und mit der Tagesangabe ergänzt. Das folgt ganz praktischen Erwägungen: *ein lediglich paraphiertes Dokument kann keine Reinschrift sein,* kein an Kunden oder Mandanten übersandtes Original.

Oft werden auch Verträge auf der letzten Seite vollständig unterschrieben und zusätzlich auf jedem Blatt paraphiert.

Die Paraphe kann, muß aber nicht mit dem Bearbeiterzeichen übereinstimmen. Meist besteht sie aus dem ersten oder den ersten beiden Buchstaben des Nachnamens, gelegentlich aus den Initialen des Bearbeiters.

Ausführlich unter aktenkundlichen Betrachtungswinkel hierzu Meisner: „Die Analyse des Aktenschriftstücks endet mit der Unterschrift. Im praktischen Leben versteht man darunter den eigenhändig geschriebenen Namen, in der Aktenkunde aber handelt es sich um mehr. Unterschrift im weiteren Sinne ist hier alles, was unter dem Text zum Zwecke seiner Vollziehung mit und ohne Vertretungs- oder Auftragsvermerk, zur formalinhaltlichen Sicherung (Gegenzeichnung) und zur Beglaubigung geschrieben steht. Dazu gehört nicht nur der Namenszug, die

Unterschrift im engeren Sinne, sondern auch das Namenszeichen, die Paraphe, schließlich aber das sog. Handzeichen. Dieses sollte den Namenszug oder das Namenszeichen vertreten. In den Akten findet sich die Unterscheidung von ‚unterschreiben', im Sinne einer vollen Namensunterschrift, und ‚unterzeichnen' (abzeichnen) oder ‚signieren' für die bloße Namenssigle (Paraphe), z. B. auf Konzepten. Aber im Sprachgebrauch gehen die Bezeichnungen doch durcheinander, so daß man die genannten Ausdrücke mit anderen wie ausfertigen, unterfertigen, vollziehen wechselweise gebrauchen kann. ... Es bleibt noch ein Wort über die Begriffe Namenszeichen und Handzeichen zu sagen. Statt des vollen Namens wird bisweilen nur ein Namenszeichen (Paraphe, Sigle, Chiffre, Handzug) gesetzt. Napoleon hatte deren eine ganze Rangskala nach der Wichtigkeit des Schreibens oder seines Empfängers: Napol., Nap., Np., N. ... Als Handzeichen, die dritte der im Anfang genannten Unterfertigungsarten, erscheinen seit je ein Kreuz oder deren drei von beliebiger Gestalt *[dazu Fußnote: Nicht zu verwechseln mit den Kreuzen, die vor Namensunterschriften üblich waren, z. B. bei Geistlichen.]*, ferner Figuren wie Rekognitionszeichen (la ruche) und Notariatssignet, der Vollziehungsstrich im ‚Monogramm', ... auch Sichtvermerke Dritter (vidi, Gelesen, Strich) in Durchgangstücken."[42]

Unterschriften müssen nicht lesbar, dürfen aber auch nicht zu einfach „gestaltet" sein. Bloße Striche, Kringel oder Wellenlinien reichen nicht. Näheres ist zahlreichen Veröffentlichungen der Rechtsprechung zu entnehmen.

[42] Meisner II, S. 252 f.

Position der Unterschriften, Mitzeichnungsleiste

In Behörden zeichnet der Leiter (Minister, Landrat usw.) ohne Zusatz, die Sb – je nach Festlegung – „I. V." = In Vertretung oder „I. A." = Im Auftrag[e]. In einer Behörde sind beide Buchstaben und beide Wortanfänge in der Regel groß zu schreiben. Die Masse der behördlichen Ausgangsschreiben werden von nur einer Person unterzeichnet. Entwürfe dagegen können etliche Paraphen enthalten.

Ist mehr als eine Unterschrift vorgesehen, *zeichnet der Höherrangige links.* Für Paraphen auf Entwürfen und Konzepten gilt das sinngemäß.

Auf ihnen kann auch die Mitzeichnung anderer OE nötig sein. Die Mitzeichnungsleiste wird in der Regel von rechts nach links angelegt und das Schriftstück auch in dieser Reihenfolge weitergegeben. Dabei werden bei gleichrangigen OE Überlegungen zur Zweckmäßigkeit überwiegen: welche Reihenfolge ist am sinnvollsten.

In Unternehmen gilt das ebenfalls, aber die Zusätze zur Unterschrift unterscheiden sich von denen der Behörden.

Der Inhaber oder Vorstand eines Unternehmens zeichnet ohne Zusatz.

Die nächste Hierarchiestufe ist der Prokurist, gefolgt von Mitarbeitern mit Handlungsvollmacht, denen jene folgen, die im Auftrage handeln.

„ppa." = per procura[m] ist höherrangig als „i. V."

„i. V." = in Vollmacht kommt vor „i. A."

„i. A." = im Auftrage zeichnet rechts.

Zeichnen zwei gleichrangige Personen, geht es nach der internen Hierarchie oder dem Dienstalter – oder man einigt sich, zum Beispiel „Dame unterschreibt links".

Die Gewohnheit „Höherrangiger unterschreibt links" wurzelt in der Wappenkunde, der Heraldik. Dort ist links (heraldisch rechts) die „Ehrenseite".

Bei Ein-Unterschriften-Schreiben wurde früher in der Regel rechts unterschrieben; heute ist die Unterschrift meist an die linke Kante des Schreibens gerückt.

E-Mails können ihrer technischen Natur gemäß gar keine zweite Unterschrift tragen.

Im *internationalen Geschäftsbrief* sind die deutschen Abkürzungen „ppa.", „i. V." und „i. A." fehl am Platze, weil sie im Empfangsland wegen der rechtlichen Unterschiede unüblich sind und irritierend wirken. Hilfskonstruktionen wie englisch *„for ..."* oder *„by order of ..."* oder französisch *„po ..."* (*par ordre;* ohne Abkürzungspunkte) sind aber keine echte Entsprechung für das, was im Deutschen üblich oder vorgeschrieben ist. Außerdem müßte dann dort der Name des Abwesenden bzw. des Anweisenden stehen und nicht der des Unterschreibenden.

Falls es unternehmensintern zugelassen ist, sollte deshalb der Vermerk *wegbleiben*; falls nicht, ist die *unübersetzte* deutsche Form immer noch die bessere Wahl als krampfhafte, aber untaugliche Übertragungsversuche.

Als unschön und veraltet gilt auch die Formel „nach Diktat verreist". Wenn es unvermeidlich ist, kann man sich mit einem „in Abwesenheit von ... N. N., [eigener Name, ggf. Funktion wie Sekretariat o. ä.]" behelfen.

Anlagenvermerk, Anlagenstrich

Werden einem Schreiben Anlagen beigefügt, so ist das im Schreiben zu kennzeichnen. Früher hieß es, die Anlage sei *beigebogen*, weil das eigentliche Schreiben und die Anlagen an einer Ecke umgebogen wurden und so eine – wenn auch äußerst flüchtige – Verbindung entstand. Das ist sachlich und sprachlich auch mit dem Umbug, der *plica* mittelalterlicher Urkunden verwandt.[43]

In den oft handschriftlichen Dokumenten des 19. und frühen 20. Jahrhunderts war ein unübersehbarer „Anlagenstrich“ die Regel; mit Verwendung der Schreibmaschine ging er zurück, wurde unauffälliger oder ganz weggelassen. Gehalten hat er sich dennoch bis heute, besonders im anwaltlichen Schriftverkehr. Ja, es gibt sogar spezielle Schreibprogramme für Anwaltskanzleien, die die Möglichkeit zum Einfügen von Anlagenstrichen und -verzeichnissen bieten – was die „gewöhnlichen“ Officeprogramme nicht können.

Für ein weit verbreitetes Schreibprogramm hat sich der Verfasser eine kleine VBA-Prozedur geschrieben, um einen Anlagenstrich vor die erste Zeile eines Absatzes zu setzen. Dabei wird nicht der gewöhnliche Schrägstrich / verwendet, sondern der etwas anders geneigte Bruchstrich ⁄ (Unicode-Zeichen 2044).

Um die Darstellung des Codeblocks nicht zu zerreißen, ist dieser VBA-Code auf der gegenüberliegenden Seite abgedruckt.

[43] siehe unten, S. 164

```
Sub Anlagenstrich1()

' Anlagenstrich 1 VBA-Prozedur - Version 1 - 8. VII. 2014
' Erstellt von Harald Rösler
' formatiert einen Absatz linksbündig mit hängendem Einzug
' und Sonderzeichen "Bruchstrich" als Anlagenhinweis
' Muß in der "Normal.dotm" oder einer Containerdatei gespeichert sein
' Greift von dort aus ins gerade aktive Dokument ein
' Cursor in die ERSTE ZEILE des Absatzes setzen.

Selection.MoveUp Unit:=wdParagraph, Count:=1
Selection.TypeText Text:="2044"
Selection.ToggleCharacterCode
Selection.MoveLeft Unit:=wdCharacter, Count:=1, Extend:=wdExtend
Selection.Font.Bold = wdToggle
Selection.MoveRight Unit:=wdCharacter, Count:=1
Selection.TypeText Text:="  "
   With Selection.ParagraphFormat
      .FirstLineIndent = CentimetersToPoints(-0.3)
   End With
End Sub
```

Diese VBA-Prozedur läßt sich mit einer Tastenkombination versehen (z. B. Strg + ü), so daß man nicht einmal zur Maus greifen muß, sondern die Hände auf der Tastatur lassen kann.

Die DIN 5008 – Regeln für das Maschinenschreiben – sieht lediglich einen Anlagen*vermerk* unterhalb der Unterschrift vor, zum Anlagenstrich schweigt sie sich aus.

Die Schlußverfügung

Durch die Schlußverfügung – meistens auf dem Konzept bzw. Aktenexemplar, manchmal auch in einer gesonderten Büroverfügung – macht der Sachbearbeiter deutlich, ob die Bearbeitung endgültig oder vorläufig abgeschlossen ist. Die letzte „Angabe" des Konzepts muß deshalb – je nach Lage des Falles – eine der nachstehenden Schlußverfügungen enthalten:

- **z. d. A.** (= **zu den Akten**): Die Bearbeitung des Schriftstücks ist endgültig abgeschlossen und in der Akte abzuheften; in der Regel kann die Akte mit der z. d. A.-Verfügung des letzten ausgehenden Schreibens geschlossen und *abgelegt* werden.
- **W** oder wegl. oder wgl. (= **weglegen**): Das Schriftstück ist ebenfalls abschließend bearbeitet, aber von unwesentlichem Inhalt, so daß es nicht in die Akten eingeheftet werden muß. Weglegesachen werden deshalb gesondert, meist lose (und regelmäßig *ohne Aktenzeichen*) aufbewahrt und nach Ablauf einer bestimmten Zeitspanne vernichtet.

  Man beachte also den feinen, aber wichtigen Unterschied zwischen „weglegen" und „ablegen" (von Akten)!
- **zur Sammlung** oder z. Smlg. (= vorläufiger Abschluß): Diese Schlußverfügung wird getroffen bei Antworten auf Rundfragen, die nicht einzeln zu bearbeiten sind, sondern nur als Unterlagen zur Entscheidung usw. dienen. Die Sammlung wird dem Sachbearbeiter vorgelegt, wenn alle Antworten vorliegen oder die Wiedervorlagefrist abgelaufen ist.
- **zum Vorgang** (= vorläufiger Abschluß): Hier wird das Schriftstück einem Geschäftsvorfall beigefügt, der noch nicht

abschließend bearbeitet ist. Der „Vorgang" liegt meist in der Wiedervorlage; dann wird das Schriftstück bei der Bearbeitung miterfaßt.

- **Wv. ...** (= **Wiedervorlage** am ...): Diese vorläufige Schlußverfügung ist zu verwenden, wenn keine andere in Betracht kommt. Ergibt sich der Zweck nicht von selbst, ist der Grund stichwortartig anzugeben, um dem Sachbearbeiter oder seinem Vertreter die Arbeit zu erleichtern.

  Wiedervorlagefristen sind ausreichend zu bemessen, um zwecklose Wiedervorlagen und verfrühte Erinnerungen zu vermeiden. Wiedervorlagen sollten nicht auf solche Tage angeordnet werden, an denen erfahrungsgemäß schon umfangreiche andere Arbeiten zu erwarten sind, z. B. Dekaden-, Monats- oder Quartalsabschlüsse, feste Besprechungstermine und dergleichen. Anordnungen wie „Wv. in drei Wochen" oder „Wv. bei Eingang der Antwort" sind unzweckmäßig, weil sie regelmäßig Mehrarbeit verursachen.

Hier sei noch einmal an die gewachsene sprachliche Unschärfe zwischen Schlußverfügung und Büroverfügung erinnert. Die letztere ist ein eigenes Dokument, meist der Entwurf des Ausgangsschreibens bzw. das „erweiterte" Aktenexemplar, das mehrere Verfügungen enthält und mit einer Schlußverfügung endet.

Nach der letzten z. d. A.-Verfügung und dem Schließen der Akte wird diese in der kurrenten Registratur *abgelegt*, später in die reponierte Registratur (Altaktenlager) *zurückgelegt*, am Ende der Aufbewahrungsfrist dem Archiv angeboten und – je nach dessen Entscheidung – endgültig *archiviert* oder aber vernichtet (*kassiert*; in Österreich: *skartiert*).

Ausfertigung, Beglaubigung, Verschluß, Absendung

Überblick

Im einfachsten und wohl auch häufigsten Falle wird die Reinschrift unterschrieben[44], kuvertiert und abgesandt. In großen OE gibt es dazu auch Brieffalz- und -kuvertiermaschinen. Die Masse dieser Schreiben dürfte mit der Post abgehen, doch die Beförderung kann auch durch Postkonkurrenten, Botendienste usw. besorgt werden. In der Akte verbleibt das Konzept oder ein Durchschlag als Aktenexemplar, je nach Bearbeitungsverfahren.

Haben wir es nicht mit rein informativen Schreiben zu tun, Handelsbriefen etwa, sondern mit rechtssetzenden Urkunden, werden der Unterschrift oft Dienstsiegel beigedrückt. Zum Verschluß sind Siegel dagegen heute unüblich geworden.

In manchen Fällen gibt es die Unterschriften der Berechtigten auch nur auf einer Urschrift, die in den Akten verbleibt, während das abzusendende Schriftstück mit einem Beglaubigungsvermerk versehen wird. Das ist z. B. in der Justiz üblich.

Schließlich gibt es noch die Variante, in der nur eine Urschrift der Urkunde existiert, diese aber durch Veröffentlichung einem mehr oder minder großen Personenkreis bekannt gemacht wird, ohne daß dazu eigens Schreiben versandt werden.

---

[44] Auch ausgehende Schreiben ohne Unterschrift sind heute üblich, sie enthalten dann einen Vermerk der Art „Dieses Schreiben ist maschinell erzeugt und ohne Unterschrift gültig". Auch vervielfältigte Unterschriften sind oft anzutreffen, besonders in der Privatwirtschaft, etwa bei Versicherungen, Vereinen, in Werbe- und Bettelbriefen.

Urschrift, Ausfertigung, Kopie, Abschrift, Auszug

nur Urschrift und darauf basierende Ausfertigung / Veröffentlichung

Von manchen Schriftstücken existiert nur eine Urschrift. Das ist zum Beispiel bei Gesetzen oder Verordnungen der Fall, aber auch bei Gerichtsurteilen und -beschlüssen oder bei militärischen Befehlen.

Nach dem „Vollzug der Urkunde“ durch die Unterschrift (etwa des Bundespräsidenten, des Ministers, der Richter oder des militärischen Befehlshabers) wird das Dokument entweder für eine nicht feststellbare Zahl von Adressaten veröffentlicht (zum Beispiel im Gesetz-, Ministerial- oder Amtsblatt oder einem öffentlichen „Anzeiger“[45]) oder es wird in der nötigen Anzahl ausgefertigt. Auf dieser Ausfertigung erscheint dann nicht mehr die Unterschrift selbst, sondern nur noch der maschinenschriftlich wiedergegebene Name, während die Richtigkeit der Ausfertigung von einer dazu befugten Person beglaubigt wird.

---

[45] öffentlicher Anzeiger: Amtliche Bekanntmachungen können gar nicht an jeden einzelnen Bürger oder Haushalt gesandt werden, deshalb werden sie oft „nur“ in der Zeitung veröffentlicht. Dazu dienen „Generalanzeiger“, „öffentliche Anzeiger“ oder was noch so an Bezeichnungen in den Untertiteln der örtlichen Zeitungen auftaucht. Mit der Veröffentlichung in solchen Anzeigern gilt der Inhalt als hinreichend bekanntgemacht, jeder hatte die Möglichkeit, sich kundig zu machen, und niemand kann sich auf Unwissenheit berufen.
Dieselbe Funktion erfüllen die Gesetzblätter. Behördenintern gibt es ähnliche Verlautbarungen mit dieser Funktion, und in der Wirtschaft kennt man unternehmensinterne „Geschäftliche Mitteilungen“ oder dergleichen.

zwei Originale: Ausfertigung und Aktenexemplar

Aktenexemplar
Reinschrift abgesandt:

In anderen Fällen – es sei an Handelsbriefe und Einzelbescheide von Behörden gedacht – gibt es zwei „Originale", nämlich das zurückbleibende Aktenexemplar und das abgesandte Schreiben selbst, das die eigentliche Ausfertigung ist. Hat sie den Empfänger erreicht, spricht man von einer *behändigten Ausfertigung.* Wie schon erwähnt, ist es zweckmäßig, das Aktenexemplar nur zu paraphieren, um es sofort von der Ausfertigung unterscheiden zu können.

Praxistip: Manchmal wird auch nur die unterschriebene Ausfertigung kopiert und in der Akte zurückbehalten. Dann sollte sie farbig *entsprechend gekennzeichnet werden. Farbig, um zumindest eine Schwarzweißkopie auf den ersten Blick vom „originalen" Aktenexemplar unterscheiden zu können.*

Im Konzeptverfahren verbleibt das paraphierte Konzept in der Akte, während die Ausfertigung (die „vollzogene", das heißt unterschriebene Reinschrift, *das Mundum*) hinausgeht.

Kopien – mit Vorsicht zu behandeln

Kopieren ist im neuen Jahrtausend einfach, schnell und billig geworden. Die Schwarzweißkopie in xerographischen Verfahren ist derzeit am weitesten verbreitet, aber auch Farbkopien werden immer billiger und sind auf dem Vormarsch. Gute Farbkopien sind manchmal kaum noch von der Originalvorlage zu unterscheiden, und hier ist mitunter des Guten zuviel getan, an dieser Stelle wird öfter zu kurz gedacht.

Eine Kopie soll eine Kopie sein, keine Imitation! Sie darf nicht nur, sie *sollte* als Kopie gekennzeichnet sein. Spätestens wenn es zum Rechtsstreit kommt und vor Gericht ein Urkundsbeweis angetreten werden muß, ist zu große Nähe von Original und Kopie nachteilig, kann sogar die eigene Glaubwürdigkeit untergraben. Es spricht nichts, gar nichts dagegen, Ausfertigung, Aktenexemplar und Kopien sauber voneinander zu scheiden und sie als das zu kennzeichnen, was sie sind. Das erleichtert es Dritten (Revisoren, Gutachtern, Ermittlungsbehörden, Gerichten etc.), *mit einem Blick* die Natur der vorgelegten Beweisurkunde zu erkennen – nicht zuletzt anhand der Farbe von Kennzeichnungen, Vermerken, Paraphen oder Unterschriften.

Geschäftsgangsvermerke und Marginalien auf den Aktenexemplaren sind geeignet, die Beweiskraft von Schriftstücken zu *erhöhen*. Es kommt nicht auf Schönheit an, sondern auf Nachvollziehbarkeit.

Vollabschrift

Weitgehend außer Gebrauch gekommen ist, wohl auch durch das Voranschreiten der Kopiertechnik, die Abschrift. Sie sei wegen einiger Formalien, die dabei zu beachten sind, hier besprochen, denn manchmal kann sie noch nötig werden.

Mitunter ist die Qualität der Vorlage so schlecht, daß selbst der beste Scanner oder Kopierer kein befriedigendes Ergebnis mehr liefern könnte. Manchmal ist es nötig, in deutscher Handschrift (dt. Kanzleischrift, Kurrent, Sütterlin u. ä.) verfertigte Originalschriftstücke durch Abschrift in eine heute für jedermann lesbare Form zu überführen, denn leider ist die Kenntnis dieser Handschriften nicht mehr sehr weit verbreitet. Seien es Personenstandsurkunden, Kirchenbucheinträge, sehr alte und dennoch weiter rechtsgültige Unterlagen – es ist denkbar, also möglich, und deshalb hier als Arbeitstechnik behandelt.

Wohlgemerkt, eine Abschrift gibt den abgeschriebenen Text 1:1 wieder, sei es auch über historische „Schriftgrenzen" hinweg. Der *Inhalt* der Vorlage muß absolut unverändert wiedergegeben werden, das ist für eine Abschrift ehernes Gesetz. Anders wäre es nur bei einer auszugsweisen Abschrift oder einer echten Übersetzung aus einer anderen Sprache; dazu siehe weiter unten.

Eine Abschrift muß an ihrem Beginn als solche gekennzeichnet sein, und das zweckmäßigerweise möglichst auffällig. In der Schreibmaschinenzeit geschah das gewöhnlich durch Sperrung und Unterstreichung des Vermerks „ - Abschrift -" in der ersten Zeile. Fettschrift oder Kursivierung war damals entweder unmöglich oder zu aufwendig.

Dann kann, ähnlich wie bei Zitaten in wissenschaftlichen Arbeiten, die Abschrift mit Anführungszeichen („Gänsefüßchen") beginnen, muß aber nicht. Absetzung vom „Abschrift"-Vermerk (z. B. durch eine Leerzeile) gilt als genügend. Jetzt kommt das wirklich Wichtige, nämlich die *buchstabengetreue* Wiedergabe des Vorlagentextes *einschließlich aller Schreibfehler.* Anders als bei Zitaten sind bei einer vollständigen Abschrift

Auslassungen unzulässig. Sie dürfen gegebenenfalls in einer auszugsweisen Abschrift auftreten (siehe dort), niemals aber in einer Vollabschrift.

Idealerweise hält man sich bei einer Abschrift an den Zeilenfall der Vorlage. Besonderheiten wie Farbmarkierungen, Anlagenstriche, Marginalien, Paraphen, Seitenumbrüche usw. können in *eckigen* Klammern erläutert werden.

Zur Frage, ob vor die abgeschriebene Unterschrift ein „gez." gesetzt wird, gibt es verschiedene Auffassungen, die sich nach Beobachtung des Verfassers zeitlich und örtlich unterscheiden.

Eine Empfehlung: Die Unterschriften werden *ohne* den Zusatz „gez." (für „gezeichnet") wiedergegeben; hier kann ggf. in eckigen Klammern „[handschriftlich:]" beigefügt werden. Denn es kann ja – bei einer Abschrift maschinenschriftlicher Vorlagen – durchaus sein, daß man zwei Zeilen wiedergeben muß: die handschriftliche Unterschrift (oder Paraphe) und die maschinenschriftliche Namenswiedergabe des Unterschreibenden. Außerdem kann das „gez." bereits in der Vorlage auftauchen, nämlich bei beglaubigten Ausfertigungen. Dann hat schon der Beglaubigende den Zusatz „gez." vor die (maschinenschriftlich wiedergegebene) Unterschrift gesetzt, während seine eigene Unterschrift am Beglaubigungsvermerk handschriftlich erscheint. In der Abschrift erschiene dann zweimal „gez." – und das irritiert.

Sind Unterschriften nicht lesbar, wird „[Unterschrift: unleserlich]" geschrieben.

Umschriften von Dienstsiegeln oder dergleichen sind in der Abschrift wiederzugeben.

Wurde der Textteil der Abschrift mit „Gänsefüßchen“ eingeleitet, ist er auch mit solchen zu schließen.

Am Ende folgt der Vermerk „f.d.R.d.A.“ (ausgeschrieben: „für die Richtigkeit der Abschrift“), gefolgt von der Unterschrift des Abschreibenden und ggf. ergänzt um *sein* Siegel bzw. *seinen* Stempel und die maschinenschriftliche Wiedergabe *seiner* Unterschrift. Auch hier gilt: Unterschrift und Siegel/Stempel sollten farbig sein, damit eine Schwarzweißkopie der Abschrift vom Original der Abschrift sofort unterscheidbar ist.

Sehr selten geworden sind Abschriften von Abschriften. Für sie gilt das oben Gesagte, nur lautet der Vermerk „f.d.R.d.A.v.d.A.“ beziehungsweise im Langtext „für die Richtigkeit der Abschrift von der Abschrift“.

auszugsweise Abschrift

Es kann sinnvoll sein, nur Dokumententeile zu verwenden, zum Beispiel zur Untermauerung eines Arguments, ohne das ganze Quelldokument wiederzugeben. Wenn beispielsweise aus einer Aufsichtsratssitzung nur ein Punkt (der im Protokoll niedergeschrieben ist) für den aktuellen Sachverhalt wichtig ist, wäre es unsinnig, das gesamte Protokoll mitzugeben. Zum einen würde das die gegenständliche Sachakte unnütz aufblähen, zum anderen ist es denkbar, daß andere (für den aktuellen Sachverhalt irrelevante) Informationen aus dem Sitzungsprotokoll gar nicht nach außen dringen sollen. Ähnlich mag es für Ermittlungsakten von Behörden sein: ein konkreter Teilsachverhalt ist gerade zu behandeln, während andere Informationen – Arbeitsabläufe,

Organisationsangelegenheiten, Nebenerkenntnisse, Vermutungen und dergleichen mehr – einerseits für den Teilsachverhalt ganz unerheblich und andererseits besonders schutzbedürftig sind und gerade nicht durch unbedachte Abgabe kompletter Dokumente „gestreut“ werden sollen. Für Wirtschaftsunternehmen gilt das ebenso.

Das ist der Ort für die auszugsweise Abschrift.

Selbstverständlich ist sie als solche zu kennzeichnen.

Darüber hinaus gelten die Grundsätze für Vollabschriften, nur daß hier – analog dem Zitat – auch Auslassungspunkte (das Ellipsenzeichen) zulässig sind. Sie sollten der besseren Deutlichkeit halber in eckige Klammern gesetzt werden: „[...]“, wie es auch bei Zitaten in wissenschaftlichen Arbeiten üblich ist.

Übrigens wurden nur mit der Hand oder auf der Schreibmaschine drei einzelne Punkte gesetzt; in den meisten *Fonts* für Rechner ist das Ellipsenzeichen eine eigene, einzelne Glyphe in der ANSI-Zeichentabelle. Auf Mac-Rechnern erreicht man es mit der Tastenkombination Alt + . [Alt + Punkt], auf Windows-Rechnern mit Alt + 0133. Oft werden aber drei einzelne Punkte durch die Autokorrektur zum Ellipsenzeichen geändert.

Statt der auszugsweisen Abschrift sind heute auch Kopien mit geschwärzten oder abgedeckten Textpassagen gängig.

Siegel

Mit Siegeln beschäftigt sich die Wissenschaft *Sphragistik* (von griechisch *σφραγίς, sphragis = „Siegel"*), die Siegelkunde. Sie korrespondiert stark mit der Heraldik, der Wappenkunde, weil sich viele Wappen aus Siegeln entwickelt haben und umgekehrt.

zur Beglaubigung, klassische Form als Wachs- oder Metallsiegel

Im Mittelalter waren die Siegel an einer Urkunde oft wichtiger als die Unterschrift, denn es war gar nicht selten, daß die Siegelträger (auch Kaiser und Könige) des Schreibens unkundig waren. Der Rand einer Pergamenturkunde wurde umgeschlagen und geschlitzt, dieser Teil heißt Plica (von lat. *plica = Falte*) oder Umbug (von umgebogen). Durch die Schlitze wurden Schnüre oder Pergamentstreifen gezogen, und an diesen hingen die Siegel.

Die Siegel konnten aus Metall bestehen (meist Blei, aber auch Gold kam vor) oder aus Wachs. Neben Siegel findet sich auch der Begriff Bulle, sowohl für die Siegelform selbst als auch für die Urkunde, die mit diesem Siegel versehen war. Sehr bekannt ist zum Beispiel die „Goldene Bulle" von 1356.

Bei Wachssiegeln gab es im Mittelalter Rangunterschiede in der Farbe. So war z. B. Rot den Kaisern und Königen vorbehalten, Stifte und Klöster siegelten grün und Freie Reichsstädte mit weißem Wachs.

Vorder- und Rückseite trugen oft verschiedene Siegelbilder.

Der Siegelstempel aus hartem Metall zum Hervorbringen des Siegelbildes heißt Typar.

zum Verschluß und zur Beglaubigung: das Lacksiegel

Ab dem 16. Jahrhundert kam der Siegellack auf, und mit ihm der Begriff „das Petschaft“ (auch „die Petschaft“) für den Siegelstempel. Lacksiegel wurden statt der anhängenden Siegel oder Bullen des Mittelalters direkt auf der Urkunde aufgebracht.

Vor allem aber dienten und dienen Lacksiegel dem sicheren Verschluß von Dokumenten, Paketen oder Behältnissen. Sie sind in Notariaten heute noch verbreitet, beispielsweise für den Verschluß des Umschlags von Testamenten oder anderer Dokumente, die sicher beim Notar hinterlegt werden.

Bei der Post sind Lacksiegel heute nicht mehr gern gesehen, denn sie beeinträchtigen die maschinelle Verarbeitung von Briefsendungen, indem abbröckelnde Siegellackteile in den Transportmechanismus der Sortiermaschine gelangen.

Der meist als Stange vorhandene Siegellack wird erhitzt und auf das Papier getropft, dann wird das leicht angefeuchtete Petschaft eingedrückt (ein trockenes Petschaft würde kleben bleiben). Dadurch wird das Siegelbild des Petschafts in den Lack übertragen. Guter Siegellack (heute z. B. Banklack) haftet derart fest auf dem Papier, daß das Siegel „erbrochen“ werden muß, um die Verpackung zu öffnen. Gröberer Siegellack (Packlack) ist von geringerer Güte; hier kommt es vor, daß das unbeschädigte Siegel komplett vom Papier gelöst werden kann.
Es gibt auch Siegellack in Perlen, der in einem speziellen Gerät geschmolzen und auf die Verpackung getropft wird.

zur Beglaubigung; Verbinden von Urkundenkonvoluten: Prägesiegel

An die Stelle des Metall- oder Wachssiegels der mittelalterlichen Urkunden trat später das Prägesiegel. Wie es der Name andeutet, wird damit das Papier geprägt. Das große Staatssiegel der USA ist zum Beispiel ein Prägesiegel, das mit einer Spindelpresse in die Urkunde gepreßt wird.

Außerdem dienen Prägesiegel – dann unter Verwendung von Siegeloblaten und Siegelsternen – zum Zusammenhalten mehrerer Seiten einer Urkunde, zum Beispiel im Notariat. Die Seiten werden gelocht und meist die Löcher mit Ösen versehen („gelocht und geöst"), dann ein Faden (Notariatsgarn) durchgezogen und auf der letzten Seite unter einer Siegeloblate und einem Siegelstern aus Papier mittels Prägepresse mit dem Prägesiegel versehen. Damit ist es unmöglich, unbemerkt Seiten hinzuzufügen oder auszutauschen.

zur Beglaubigung, heute am meisten verwendete Form: großes und kleines Dienstsiegel als Farbdrucksiegel

Behörden, Gerichte, Notare und manche Anstalten des öffentlichen Rechts verwenden zur Beglaubigung von Dokumenten Dienstsiegel in der Form des „Farb[druck]siegels".

Oft gibt es das kleine und das große Dienstsiegel. Es handelt sich hier um runde Stempel mit dem Hoheitszeichen (Bundesadler, Landes- oder Ortswappen und dergleichen), einer Umschrift und einem Merkmal, das jedes Dienstsiegel einmalig macht (meist Kennzahlen).

Die Führung und Benutzung von Dienstsiegeln ist in Siegelordnungen recht streng geregelt. Unter anderem ist darin festgehalten, daß nur persönlich Berechtigte das Dienstsiegel führen dürfen und daß es unter ständigem Verschluß zu halten ist.

Auch manche Religionsgemeinschaften sind zur Siegelführung berechtigt. Hier können aus der Tradition heraus statt runder auch spitzovale Formen auftreten.

zum Verschluß von Räumen und Behältnissen

Außer zum Versiegeln von Dokumenten wurden Petschafte auch zur Verschlußkontrolle von Tresoren oder Räumen verwendet, in der DDR bis 1990. Es gab kaum Behörden und größere Betriebe, die keine „Siegelzimmer“ hatten.

Aus praktischen Gründen kam hier aber kein Siegellack zum Einsatz, sondern die Türen oder Behälter trugen Näpfchen mit weicher Knetmasse. Dort wurden zunächst Schnüre und dann das Petschaft eingedrückt. Das Lösen der Schnur zerstörte den Petschaftabdruck (also das Siegel), und so wurde erkennbar, wenn ein Raum oder Behältnis geöffnet worden war. Waren zwei Näpfchen mit Siegelmasse vorhanden, war darauf zu achten, daß beide denselben Petschaftabdruck trugen. Im NVA-Jargon sprach man nicht davon, daß die Räume versiegelt wären, sondern „petschiert“.

Neben Räumen und Aktenschränken oder Tresoren waren auch Kuriertaschen oder VS-Koffer auf diese Weise versiegelt.

Das Absenden – postalische Belange

In gößeren Behörden oder Unternehmen mag es Absendestellen geben, für Massensendungen auch technisch gut ausgestattete mit Falz- und Kuvertiermaschinen und dergleichen Unterstützung. Oft wird aber wohl der Sachbearbeiter selbst die Post für den Versand vorbereiten. Das Frankieren (Freimachen) der vorbereiteten Sendungen obliegt in größeren OE dann wiederum der zentralen Poststelle.

Adressiermaschinen

Für Massendrucksachen waren bis in die 90er Jahre Adressiermaschinen in Gebrauch. Als Kurzwort war *Adrema* nach der 1913 gegründeten Berliner Herstellerfirma geläufig, eine andere Marke war der *Adressograph.* In ihnen wurden geprägte Zinkplatten als Matrizen vorgehalten, die sogenannte Plattei, und damit konnten Dokumentenstapel wie zum Beispiel Serienbriefe, Zeitschriften oder auch Aufkleber mit Adressen bedruckt werden.

Mit Zusatzeinrichtungen versehen, ließen sich diese Maschinen auch zur Erstellung von Listen verwenden, die Anwendung ging also über das bloße Adressieren hinaus. Dann wurden die Geräte auch als Organisationsmaschinen bezeichnet.

Die Matrizen waren mit Reitern oder Kerben versehen, das machte eine Sortierung für den Druck möglich – etwa daß aus einer Gesamtplattei nur ausgewählte Adressen gedruckt wurden, beispielsweise für eine bestimmte Zeitschrift oder für die Einwohner eines Stadtviertels.

Die Verwendung geprägter Zinkplatten ist technisch ein Hochdruckverfahren, das auch Durchdrucke möglich macht.

Da die Herstellung der Matrizen teuer ist, ihre Korrektur bei Adressenänderung sich recht aufwendig gestaltet und die Aufbewahrung einen größeren Spezialschrank beansprucht, wurden sie mittlerweile praktisch überall durch Informationstechnik ersetzt, etwa durch Serienbrief- oder Etikettendruck.

Auch das Aufkommen der Fensterbriefumschläge dürfte zur Zurückdrängung der Adressiermaschinen beigetragen haben.

Postfreistempler (Frankiermaschinen), EDV-Freimachung

Postsendungen werden in der Regel freigemacht, das heißt, der Absender bezahlt das Porto. Vom italienischen *„franco"* = *frei* und dem daraus abgeleiteten *„francare"* = *freimachen* stammt das Wort *Frankieren* für diesen Vorgang.

Den Kauf von Briefmarken, offiziell „Postwertzeichen", das manuelle Aufkleben und den Nachweis im Portobuch können (sich) nur die kleinsten OE leisten. Nimmt der Postausgang einen gewissen Umfang an, muß ein effizienteres Verfahren her.

Zum Freimachen der Sendungen gibt es Frankiermaschinen, auch als Freistempler bezeichnet. Das sind Geräte, die Stempelabdrucke (Freistempel) mit Wertzeichencharakter auf die Postsendungen aufbringen. Unterschieden wird im allgemeinen nach dem Standort des verwendeten Freistemplers zwischen Postfreistempel und Absenderfreistempel. Bei letzterem findet sich über die postalischen Belange hinaus ein Bereich, der für Absenderangaben und Werbung zur Verfügung steht.

In der Gestaltung zeigen sich Freistempelabdrucke sehr variabel, bestehen in der Regel jedoch aus dem eigentlichen Wertstempel mit der Angabe des entrichteten Portos und einem Orts- bzw. Datumsstempel. In den Wertstempel integriert ist zumeist die jeweilige Landesbezeichnung oder der Name der Postanstalt, welche die mit dem Stempel freigemachte Sendung befördern soll.

Gemäß Bestimmungen des Weltpostvereins war für den Freistempelabdruck – zumindest im internationalen Verkehr – die Stempelfarbe Rot vorgeschrieben; seit Beginn des 21. Jahrhunderts wird aber häufig auch die Farbe Blau verwendet, die besser lesbar und so der maschinellen Verarbeitung dienlicher ist.

Anfang des 21. Jahrhunderts kam die EDV-Freimachung auf, auch um die Frankiermaschinen allmählich abzulösen, deren Abrechnung relativ aufwendig ist. Neu ist bei den Frankierabdrucken aus der EDV der Wegfall des briefmarkenähnlichen Wertstempelabdruckes und des Tagesstempels. Wichtige Informationen sind nunmehr – neben der Darstellung im Klartext – vor allem in einem 36 × 36-DataMatrix-Code (2-D-Strichcode) verschlüsselt.

Die EDV-Freimachung läßt sich direkt in das Adreßfeld von Briefen drucken, die dann im Fensterumschlag versandt werden. Das erspart den gesonderten Arbeitsgang des Freistempelns. Aber auch Aufkleberdruck ist möglich, etwa für Sendungen in Umschlägen ohne Fenster oder für Päckchen.

Nach der Liberalisierung und dem Wegfall des Briefmonopols für die deutsche Post sind auch Postkonkurrenten tätig. Sie bieten ebenfalls Freistempler an, tendenziell aber die billigere EDV-Freimachung.

Post und Postkonkurrenten

Über Jahrzehnte hatten die staatlichen Postanstalten ein Monopol auf die Briefbeförderung und meist auch auf die Beförderung von Päckchen und Paketen. Diese Postanstalten sind meist auch Mitglied im Weltpostverein.

Mit der Liberalisierung in Europa hat sich das geändert. Zunächst kamen private Paketzustelldienste auf, später, mit dem Wegfall des Briefmonopols für Sendungen bis 50 Gramm, auch Briefzustelldienste. Der Markt ist teils unübersichtlich, es gibt örtliche Besonderheiten. In Österreich zum Beispiel gehören die meisten Hausbriefkästen der dortigen Post, und die Konkurrenten wüßten gar nicht, wie sie ihre Briefe an den Empfänger bringen sollten. In Deutschland gibt es Unternehmen, die nur in überschaubaren Gebieten tätig werden, während man mit Sendungen in ein anderes Bundesland oder in einen anderen Staat wieder zur Post gehen muß.

Die Überschaubarkeit beginnt der im späten 19. Jahrhundert zu ähneln, als Privatbeförderungsanstalten zumindest unverschlossene Sendungen (Karten, Drucksachen, Warenproben) im Ortsverkehr befördern durften – allerdings ohne das Wort „Post" zu verwenden oder die gelbe „Postfarbe" zu benutzen. Das hatte zur Folge, daß sie blaue oder grüne Briefkästen aufhängten und „Courier-Karten" oder dergleichen beförderten („Postkarte" war ja reserviert).[46] Nun, andersfarbige Briefkästen haben wir in Deutschland noch nicht wieder.

[46] vgl. Stephan, S. 67 ff., S. 85

Die folgenden Ausführungen beziehen sich auf die Beförderung mit der Deutschen Post AG – auch mit Blick darauf, daß sie dem Weltpostverein mit seinen international abgestimmten Regeln angehört.

gewöhnliche Sendungen: Briefe, Päckchen

Die Masse der ausgehenden Schreiben dürfte als gewöhnlicher Brief zur Post gehen, umfangreiche Sendungen vielleicht auch als Päckchen (zulässig bis 2.000 g). Briefe und Päckchen werden bei der Post *nicht* besonders nachgewiesen, Nachforschungen nach ihnen sind deshalb schwer bis unmöglich, für verlorene Sendungen gibt es keinen Ersatz.

Einschreiben

Besonders wichtige Schreiben können auch „eingeschrieben“ versandt werden. Das bedeutet, daß sie bei der Post besonders registriert werden und daß die Auslieferung dokumentiert wird.

Im deutschen Inlandspostverkehr ist der Postvermerk „Einschreiben“ oberhalb der Anschrift anzubringen, die zusätzliche Kennzeichnung des Umschlags (bei Fensterbriefumschlägen) und Mehrsprachigkeit des Vermerks ist unschädlich.

Die Deutsche Post kennt das „Einwurf-Einschreiben“. Dabei vermerkt der Postzusteller, wann er die Sendung in den Hausbriefkasten eingelegt hat, der Adressat muß den Empfang *nicht* bestätigen. Beim „Übergabe-Einschreiben“ wird dagegen die Unterschrift des Empfängers eingeholt.

Im internationalen Postverkehr gibt es nur das „Einschreiben“ schlechthin, es entspricht dem erwähnten Übergabe-Einschreiben, das heißt, der Adressat bestätigt den Empfang.

Internationale Einschreibesendungen sind mindestens zweisprachig zu kennzeichnen: in Deutsch für das Abgangsland und in Französisch mit dem Vermerk „recommandé“. Der Vermerk in der Sprache des Empfangslandes kann, muß aber nicht dabeistehen.

Französisch ist nach den Regeln des 1874 gegründeten Weltpostvereins mit Sitz in Bern die „Weltpostsprache“, das schlägt auf die Behandlungsvermerke durch. So tragen z. B. auch deutsche Post-Beklebezettel für Einschreibesendungen den Buchstaben „R“ (und nicht „E“ für „Einschreiben“).

Einschreiben mit Rückschein

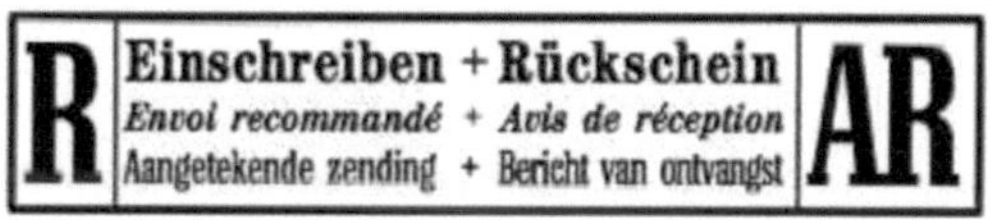

Wünscht der Absender außer der Empfangsbestätigung bei der Post auch einen Nachweis für seine eigenen Unterlagen, empfiehlt sich der Versand der eingeschriebenen Sendung mit Rückschein. Im internationalen Postverkehr ist dann die Kennzeichnung „[envoi] recommandé / Avis de réception“ anzubringen.

Die rosafarbigen internationalen Rückscheine sind auch auffällig mit „AR“ gekennzeichnet.

Der Rückschein wird vom Absender vorbereitet (seine Anschrift für die Rücksendung eingetragen) und der Sendung beigefügt. Bei der Abholung im Bestimmungspostamt bestätigt der

Empfänger den Erhalt, und der Rückschein wird an den Absender zurückgesandt. Damit hat er einen Beleg in Händen, daß die Sendung ordnungsgemäß ausgeliefert wurde, das heißt, den Empfänger erreicht hat.

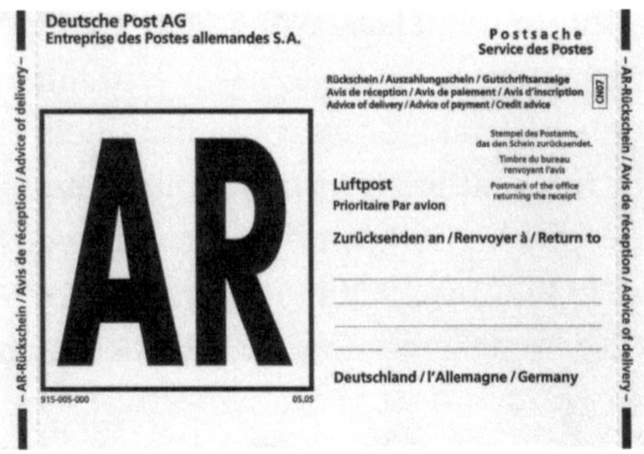

„Falle" bei Einschreibsendungen: Annahmeverweigerung

Auch wenn es nicht die Regel sein dürfte, sei hier auf eine Gefahr für den Absender hingewiesen: eingeschriebene Sendungen können mit dem Vermerk „Annahme verweigert" an ihn zurückgelangen. Mancher Empfänger kann auf diese Weise versuchen, sich seiner Verantwortung zu entziehen oder zumindest Zeit zu schinden. Dann muß der Absender auf eine sicherere, aber auch teurere Art der Zustellung zurückgreifen (siehe unten).

Darüber hinaus ist ein quittierter Rückschein nur der Beleg dafür, *daß* eine Sendung zugestellt wurde. Über den Inhalt der Sendung sagt er nichts aus. Im Wirtschaftsleben oder zwischen Unternehmen und Behörden ist er sicher ein starkes Indiz; im Verkehr mit Privatpersonen ist eine gewisse Vorsicht angebracht.

Es kann deshalb zweckmäßig sein, wenn ein Schreiben von *zwei* Personen kuvertiert wird (eine ist Zeuge) und darüber ein Vermerk zu den Akten geht.

Zustellung durch Gerichtsvollzieher

Die sicherste, aber auch teuerste Zustellung ist die durch einen Gerichtsvollzieher. Bei ihr ist allerdings zu beachten, daß sie für eilige Fristsachen nur nach genauer Prüfung geeignet ist, je nach Auslastung der Gerichtsvollzieher, welche die Zustellaufträge nach der Reihenfolge des Eingangs bearbeiten.

Bei Sendungen mit Zustellungsurkunde oder Zustellung durch Gerichtsvollzieher sind so viele Besonderheiten zu beachten, die sich auch verhältnismäßig oft ändern, daß sie hier nicht vollständig besprochen werden können. Daher muß es an dieser Stelle beim Verweis auf die jeweils aktuellen Bestimmungen bleiben, die sich leicht im Internet recherchieren lassen.

Wertsendungen

Früher erhielten Wertsendungen einen Aufklebezettel mit dem Buchstaben V für *valeur* (nicht, wie mitunter angenommen, für „Versicherung") und mußten ab bestimmten Werten versiegelt sein. Das ist heute anders. Die Sendung ist fest, aber unauffällig zu verschließen, und es darf nichts auf den besonderen Wert hinweisen. Siegel sind also für die Außenverpackung verboten.

Wertsendungen werden heute auf der Außenseite nur noch als „Einschreiben" gekennzeichnet.

Nähere Auskünfte erteilt die Post.

Für wertvolle Sendungen kann es übrigens zweckmäßig sein, sie nicht als (Wert-)Brief zu versenden, sondern als versichertes Paket – selbst wenn in viel Verpackung wenig Masse steckt.

Fast nur noch historisch interessant: Telegramm, Telex, Aérogramme; auch auf dem Rückzug: das Telefax

Durch die rasante Entwicklung der Datenverarbeitung und -fernübertragung sind einige Techniken der Informationsübermittlung heute weitgehend ausgestorben, und nur im geschichtlichen Rahmen des vorliegenden Buches seien sie angerissen.

Nach Morse*fernschreibern*, die nur Punkte und Striche zur Zeichenübertragung kannten, entwickelten sich Streifenschreiber (Hellschreiber, Springschreiber) mit direkt lesbarer Zeichendarstellung, später Fernschreiber mit Typendruckwerken. Die Fernschreibnetze (*Telex* = *Tel*eprinter *Ex*change) spielten noch bis in die 90er Jahre eine bedeutende Rolle, unter anderem für die Telegramme der Postanstalten. Heute ist die Technik überholt und führt nur noch ein Nischendasein.

Auch der *Luftpostleichtbrief*, das *Aérogramme*, wird kaum noch verwendet. Er wurde nach dem 2. Weltkrieg eingeführt und „par avion“ = „by air mail“ = „mit Luftpost“ befördert. Besonders leichtes Luftpostpapier war rundum an den Rändern gummiert, das Schreiben durfte nur gefaltet und mit dem Gummi verschlossen werden, aber keine Einlagen enthalten. Das Höchstgewicht betrug 5 Gramm.

Das Telefax (von griechisch *τῆλε, tele* = fern und lateinisch *fac simile* = mache [es] ähnlich) als Fernkopierer im Telefonnetz war in den 80er und 90er Jahren modern und löste teils die Fernschreibtechnik ab; heute ist es selbst auf dem Rückzug und wird schrittweise durch Datenfernübertragung von Bilddateien und durch signierte E-Mails ersetzt.

Diarien, Geschäftsbücher, Kladden, Arbeitsbücher, Aufzeichnungshefte

Allgemeines

Ausgehend von der Ausstattung der Schreibwaren, sind Hefte dünn und flexibel, Bücher dagegen meist dick, mit festem Deckel versehen und oft langlebig durch Fadenbindung.

Dünn und dick ist natürlich relativ; es gibt dünne Bücher, zum Beispiel kleinformatige Adreßbüchlein mit 24 Blatt, und dicke Hefte mit 96 oder 192 Blatt. Inhaltlich gibt es auch Überschneidungen: es kann leicht sein, daß ein biegsames Heft als Arbeits*buch* bezeichnet wird – und umgekehrt: daß ein Buch mit festem Deckel als Aufzeichnungs*heft* daherkommt.

Die Blattzahl (und von ihr durch Verdopplung abgeleitet die Seitenzahl) der Hefte und Bücher folgt übrigens meist der 8. Das hat mit der Zweckmäßigkeit im Papier- und Druckgewerbe zu tun. Auf einen Druckbogen passen acht Druckseiten auf die Vorderseite, die sogenannte Schöndruckseite. Acht weitere Druckseiten kommen auf die Rückseite, die Widerdruckseite. Das macht acht Blatt oder sechzehn Seiten pro Bogen, und diese werden dann gefalzt und gebunden.

Halbe Bögen mit vier Blatt = acht Seiten sind möglich, aber aufwendiger zu verarbeiten, weil das einige Arbeitsgänge mehr erfordert.

Dasselbe gilt auch für Schreibwaren, die statt gedruckter Texte nur Leertabellen, die Lineatur oder gar leere Seiten enthalten. Auch sie müssen ja vor dem Binden gefalzt werden.

Deshalb halten sich bis heute so hartnäckig die Blattzahlen 32, 48, 80, 96, 128, 144 und 192 auch für leere Bücher und Hefte, denn das sind jeweils Vielfache von 16.[47]

Diarien

Das Diarium (Mz. die Diarien) von lat. *dies* = Tag war ursprünglich ein Heft oder eher Buch für tägliche Eintragungen, ein Tagebuch oder französisch *Mémoire*. Im Gegensatz zum „nach vorn blickenden" Kalender sind die Tage aber nicht vorgedruckt. Der Begriff des Diariums hat sich auf dicke, fest gebundene, über längere Zeit geführte Notiz- oder Nachweisbücher und auf Geschäftsbücher allgemein übertragen. Spezialformen sind etwa das Kassenbuch, das nautische Tagebuch (das Logbuch in der Seefahrt), das militärische Kriegstagebuch oder Protokollbücher für wissenschaftliche Zwecke, zum Beispiel bei Versuchsreihen in der Forschung. Auch Matrikelbücher passen in dieses Schema.

---

[47] Der gleichen Systematik folgt im gedruckten Buch die Bogennorm. Das ist die in kleiner Schrift außerhalb des Satzspiegels gedruckte, mit der Bogennummer beginnende Bezeichnung von Autor und ggf. gekürztem Werktitel. Sie steht erstmals auf dem zweiten Druckbogen Das kann, muß aber nicht auf Seite 17 sein, denn die „Titelei" mit Schmutztitel, Titel, Vorwort, Widmung, Inhaltsverzeichnis usw. – meist römisch paginiert – kann einen anderen Umfang haben als einen Druckbogen mit 8 Blatt/ 16 Seiten. Nach der ersten Bogennorm werden die weiteren jeweils im Abstand von 16 Seiten folgen. Die vollständige Bogennorm [Prime] steht auf der Schöndruckseite, auf der Widerdruckseite (Rückseite) steht nur die Ziffer der Bogennorm mit einem Asterisk (Sternchen) [Sekunde]. Die Bogennorm dient in der Buchbinderei dazu, die Druckbögen richtig zusammenzutragen (zu kollationieren); dem gleichen Zweck dient die Flattermarke, die in den Falz gedruckt wird und nach dem Binden nicht mehr sichtbar ist. Die Heftfäden sitzen – je nach Bogenfalzung – bei der Bogennorm oder in 8 Seiten Abstand.

Kladden

Der Begriff Kladde stammt aus dem norddeutschen Sprachraum und stand ursprünglich für Schmutz oder Schmiererei, später wandelte sich die Bedeutung in Richtung Entwurf, vorläufig Geschriebenes im Kladde-Buch, und dies wiederum wurde sprachlich zur Kladde abgeschliffen. So steht Kladde heute für Schmier-, Skizzen- oder Notizbuch.

Der gleichbedeutende Begriff Sudelbuch für Notizbuch dürfte inzwischen sehr selten geworden sein, ebenso das französische „Brouillon“ [48]

Beim Militär kennt man Kladden weniger im Sinne von Flüchtigem oder Vorläufigem als mehr für Nachweiszwecke. So gibt es etwa die Schießkladde, in die ausgegebene, verschossene und gegebenenfalls zurückgegebene Munition neben den Schießergebnissen eingetragen wird. Auch Bücher zum Nachweis von Terminen, Besprechungen, Aus- und Rückgabe von Dokumenten usw. werden dort mitunter als Kladden bezeichnet.

In der Kaufmannssprache wird die Kladde gelegentlich gleichbedeutend zur *Strazze* verwendet. Strazzen sind Notizbücher, in die ungeordnet die Feststellungen zum Tagesgeschäft eingetragen wurden, die später sorgfältig in die Geschäftsbücher zu übertragen waren.

---

[48] „Brouillon“ wurde im diplomatischen Wortgebrauch für die Zettel verwendet, auf denen die Entzifferung der chiffrierten Depeschen erfolgte. Aus Sicherheitsgründen, um die Kompromittierung der Chiffren durch Vergleich von chiffriertem und dechiffriertem Text zu verhindern, waren nach Fertigung der „Entzifferungen“ die Brouillons zu vernichten. – vgl. Meyer, S. 89 [Antiqua-Datei S. 58]

Arbeitsbücher, Aufzeichnungshefte

In der DDR gab es eine Feinunterscheidung zwischen Dienst- und Arbeitsbüchern sowie Diktat- bzw. Aufzeichnungsbüchern (-heften), besonders bei solchen mit Geheimhaltungsgrad.

Dienst- und Arbeitsbücher waren dafür vorgesehen, vollständig zu bleiben; sie enthielten meist einen vorgedruckten Spaltenaufbau für das Inhaltsverzeichnis. Im Gegensatz dazu standen Diktat- und Aufzeichnungsbücher. Bei ihnen war die Entnahme einzelner Blätter – zur Weitergabe oder zur Vernichtung – zulässig. Deshalb war auf die Vorsatzblätter oft ein „Nachweis über die Vernichtung / Weitergabe“ aufgedruckt; die Weitergabe einzelner Blätter war vom Empfangenden zu quittieren, die Vernichtung nach dem Vieraugenprinzip von zwei Personen zu bestätigen. Allerdings konnte die strenge Scheidung nie ganz konsequent durchgehalten werden, schon gar nicht im voraus, und deshalb finden sich Exemplare mit der vorsichtshalber „weichen“ Bezeichnung „Arbeitsbuch / Aufzeichnungsheft“ oder „Diktat- bzw. Arbeitsbuch“.

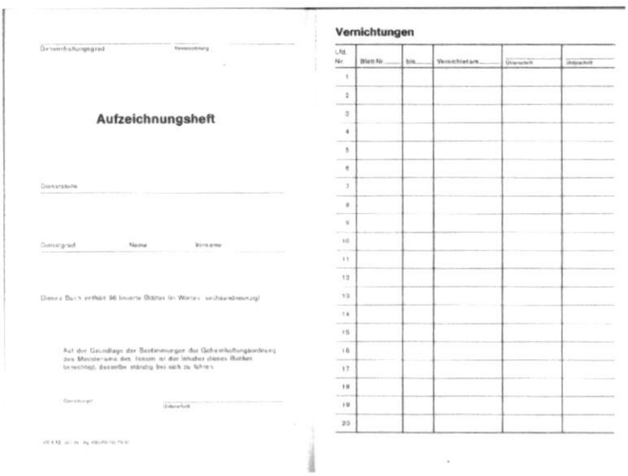

Durchschreibebücher und -blöcke

Durchschreibebücher dienen, ähnlich Quittungs- oder Lieferscheinblöcken, dem Nachweis derselben Information an zwei örtlich getrennten Stellen. Unter ein meist an der Seite perforiertes Blatt wird ein Blatt Hand-Durchschreibepapier gelegt, meist violettes oder blaues, und unter das Blatt mit der Kopie kommt zweckmäßigerweise eine Pappe als Durchschreibeverhinderer (für das nächste, noch leere Blatt). Das obere Blatt, die Erstschrift, muß natürlich mit Kugelschreiber, Blei- oder Kopierstift beschrieben werden, weil Füllfederhalter nicht den nötigen Druck für das Durchschreiben aufbringen. Dieses Blatt wird an der Perforation abgetrennt und dem Empfänger zugeleitet, die Durchschrift verbleibt als Nachweis im Buch. Meist ist nur das obere Blatt liniiert, denn die Durchschrift folgt dem ja ohnehin und bedarf keiner eigenen Lineatur. Wenn die Blätter der Durchschreibebücher numeriert sind, tragen beide Blätter dieselbe Nummer. Ein Durchschreibebuch von 48 Blättern enthält also zunächst 96 Blätter (Erst- und Durchschrift) und am Ende, nach dem Heraustrennen der Erstschriften, die verbliebenen 48 Blätter mit den Kopien.

Gelegentlich sind Blöcke mit drei oder mehr Durchschriften im Gebrauch. Oft erscheinen dann die Kopien auf verschiedenfärbigen Blättern, etwa gelb für die Buchhaltung, rosa für den Vertriebsinnendienst, blau für den Verkäufer und weiß für das im Block zurückbleibende Belegstück.

Die fortschreitende Technik hat die Verwendung von Durchschreibepapieren teilweise unnötig gemacht, es gibt seit vielen Jahren schon „selbstdurchschreibende“ Papiere. Durch den Druck des Schreibstiftes platzen chemikaliengefüllte Kügelchen auf der Rückseite des Trägerpapiers und reagieren mit der Oberflächenbeschichtung des darunterliegenden Papiers der Kopie. Dadurch werden die Schriftzüge sichtbar. Gewöhnlich erscheinen sie dunkelgrau.

Der Aufdruck auf den Blättern der Diarien, Kladden, Geschäftsbücher usw. reicht von einfacher Lineatur über den Spaltenaufbau von Konten- oder Posteingangsbüchern bis zur ausgefeiltesten Tabelle. In Durchschreibeblöcken oder -büchern kennt man sogar Dokumententeile, die auf einem Exemplar zu lesen sind und auf dem anderen nicht. Das ist zum Beispiel bei Verwendung von Blaupapier durch Überdrucken mit Sperrzeichen zu erreichen; bei selbstdurchschreibendem Papier können auch an den gewünschten Stellen die Chemikalien weggelassen werden. Dann kann es dort keine Farbreaktion geben, es wird keine Durchschrift erzeugt.

Lineatur

Die Linien, Karos, „Rauten“ oder Tabellen sind oft hellblau oder hellgrau, das ist billig im Druck und soll ja auch nur Hilfslinien bilden. Dunkle Farben wären zu intensiv.

Karos haben die gleiche Kantenlänge und vier rechte Winkel, sind also geometrisch Quadrate. Das so bedruckte Papier ist kariert.

„Rautiertes“ Papier zeigt *keine* geometrischen Rauten, sondern Rechtecke – höher als breit – zum Beispiel 5 mm × 9 mm.

Die Falschbezeichnung „rautiert“ muß man einfach hinnehmen. Eine geometrische Raute oder ein Rhombus (Mehrzahl: Rhomben) ist ein gleichseitiges, aber schiefwinkliges Parallelogramm, während das Rechteck vier rechte Winkel hat und *nicht* gleichseitig ist. Das gleichseitige Rechteck nennt man Quadrat.

Zur Lineatur gehören im weiteren Sinne auch Tabellen, zum Beispiel für Posteingangsjournale, mit Betragsspalten für Kontenbücher oder auch Matrikel-, Lager- oder Lohnabrechnungsbücher. Die Tatsache, daß sie im Handel angeboten werden, läßt den Rückschluß zu, daß diese Geschäftsbücher noch nicht überall von der EDV verdrängt wurden.

Eine sehr praktische Sache ist die sogenannte *Französische Lineatur* oder *Seyès-Lineatur.* Sie wurde von dem französischen Papierwarenhändler Jean-Alexandre Seyès entwickelte und 1892 beim Gericht zu Pontoise als Muster eingetragen.

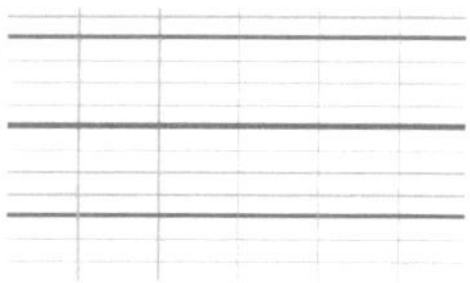

Ursprünglich diente sie dazu, in französischen Schulen den Schönschreibunterricht zu unterstützen, indem sie Anhaltspunkte für das Auge gab und die Gestaltung der Buchstaben in den gewünschten Proportionen erleichterte. Die Seyès-Lineatur kombiniert enge Querlinien mit senkrechten Linien und bildet so eine Kombination aus kariertem und eng liniiertem Druckbild. Sie ist für das Anlegen von Tabellen hervorragend geeignet, taugt aber auch sehr gut für die Stenographie. Wegen ihrer Zweckmäßigkeit hat sie inzwischen auch Freunde außerhalb Frankreichs gefunden und ist, wenn auch mit etwas Mühe und am einfachsten im Internethandel, in Deutschland erhältlich. Hersteller sind vor allem die Unternehmen Clairefontaine und (inzwischen) Oxford.

Listen, Register, Indizes[49], Karteien

Datenbanken sind enorm nützliche Anwendungen. Neben der reinen Verzeichnung von Informationen können sie auch zu deren Verarbeitung dienen, zum gezielten Filtern und Abfragen, und nicht zuletzt zum Drucken auf Papier (!). Um hilfreiche Funktionen ergänzt, schneller und fehlerärmer, bilden sie elektronisch das ab, was mit Tontäfelchen, Kerbhölzern, und Pergament, mit Papier, Karteikarton und Mikrofilm begann. Auch für Datenbanken gilt, daß sie für den Endanwender nur so gut sein können wie das Konzept und die Programmierung im Hintergrund. Unklares Denken führt zu Unordnung in der Struktur, und das kann die beste Datenbank nicht abfangen. Sehen wir uns hier einmal ihre Ahnen näher an.

Eine Art Buchhaltung mit Listen gab es schon vor etwa 5.500 Jahren im vorderen Orient, sie wurde dort mit Stäbchen in Tontafeln gedrückt. Technisch bedingt, nämlich durch die Form der „Schreib“-Geräte, waren die Zeichen keilförmig, deshalb spricht man von der Keilschrift. Die Erfindung wird den Sumerern zugeschrieben, andere Völker übernahmen die Technik. Etwa um die gleiche Zeit bildete sich in Ägypten die Hieroglyphenschrift heraus; sie wurde nicht auf Tontafeln, sondern auf Papyrus aufgebracht. Auch im alten Ägypten hielt man es für nötig, Listen zu führen, etwa für Steuer-, Militär- oder Lohnangelegenheiten.

---

[49] Index, Mehrzahl: Indizes oder Indices, neuerdings auch Indexe; zugehöriges Verb: indizieren, neuerdings auch indexieren

In Europa sind seit dem frühen Mittelalter listenmäßige Aufzeichnungen auf Pergament bekannt, man denke zum Beispiel an die Vorratsbücher von Klöstern. Später wurde das teure Pergament vom billigeren Papier verdrängt.

Daneben war im schreibunkundigen und münzarmen Europa eine sehr praktische und fälschungsresistente Form der Aufzeichnung das Kerbholz, auch Zählstab, Zählholz oder Kerbstock genannt. In das ungeteilte Holz wurden Kerben geschnitten, danach wurde es längs geteilt, und jeder Beteiligte – Schuldner und Gläubiger – bekam seine Hälfte. Am Zahltag, am „Termin“, wurden beide Hälften zusammengelegt, und so ließ sich zweifelsfrei feststellen, ob beide Hälften zueinander gehörten und auch, ob eine Hälfte manipuliert worden war. Die Bank von England benutzte noch bis 1826 Kerbhölzer, das Kerbholz als Steuerquittung wurde in England 1834 abgeschafft. Sprachlich gibt es das Kerbholz heute noch, hier entwickelte sich der Sinn „etwas auf dem Kerbholz haben“ vom ursprünglichen „jemandem etwas schuldig sein“ zu „sich schuldig gemacht haben“, „etwas auf seinem Schuldkonto haben“.

Einfache Kerben waren natürlich für andere Belange zu wenig, hier mußte Schriftliches her. So wurden zum Beispiel die Abschriften von Urkunden in eigenen Urkundsbüchern festgehalten, so daß sich der Inhalt selbst beim Verlust der Originalurkunde feststellen ließ. Das konnten Rechte, Privilegien, aber auch Gerichtsurteile oder Ratsprotokolle sein. Teils waren sie in einem Pergament- oder Papierstapel (Faszikel) verschnürt oder in einem Buch zusammengebunden, teils gab es schon inhaltliche Trennungen.

Um sich leichter und schneller in den Einzeldokumenten zurechtzufinden, kamen auch schon erste Formen von Indizes auf.

Im Laufe der Jahrhunderte wuchs neben der Bevölkerung die Menge dessen, was verwaltet werden mußte oder sollte und als Folge daraus die Masse des Schriftgutes. In den sehr gut organisierten Behördenregistraturen im späten 19. Jahrhundert fanden sich dann – auch wegen der „Vorherrschaft des Tagebuchs“ – umfangreiche General-, Personen- und Ortsindizes, Einsenderverzeichnisse, Matrikelbücher und dergleichen mehr, die durch ausgefeilte Verweise das Auffinden bestimmter Aktenstücke sehr erleichterten.

Lange war es ausreichend, Inhaltsverzeichnisse, Sachregister, Indizes usw. nach Bearbeitungsschluß anzufertigen und in Listen- oder Buchform zu halten, doch es wurde auch das Bedürfnis größer, sich schon während der Bearbeitung in einem gewachsenen kurrenten Aktenbestand schnell zurechtzufinden und auch später die Verzeichnisse noch ergänzen zu können. Das ließ sich mit losen Zetteln oder mit Karteikarten gut machen; so konnten neue Karten in den Gesamtbestand eingefügt werden, und auch die Möglichkeit, nach verschiedenen Kriterien zu suchen oder umzusortieren, wurde als hilfreich erkannt.

Karteikarton hat ein Papiergewicht von 190 ... 250 g/m², die meisten Karteikarten folgen dem DIN/A/Format, und in der Regel werden sie querformatig verwendet. Aufgestellt werden

die Karten in offenen Kartei*trögen* oder in mit Deckel versehenen Kartei*kästen* (zum Staubschutz und ggf. zur Abschließbarkeit).

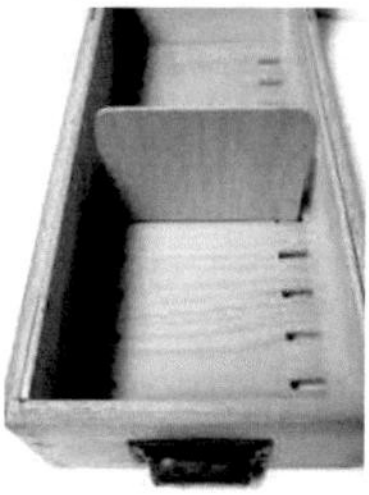

Zur Trennung von Karteikartengruppen, zum Beispiel für die Buchstaben des Alphabets oder für Materialgruppen in einem Lager, gibt es „Leitkarten“, die etwas höher sind als die Karteikarten und bei Bedarf farbig sind. Manchmal sind sie aus dünnem Holz oder aus Kunststoff. Oft ist der Boden des Kastens oder Trogs mit Schlitzen versehen, um die Leitkarten dort zu fixieren. Mitunter ist auch der Karteikasten oder -trog (dann niedriger als die Karteikarten) unterteilt, dann bildet das die Trennung. Das alles dient dazu, die Arbeit unauffällig bequem und damit im Extrakt effizient zu machen.

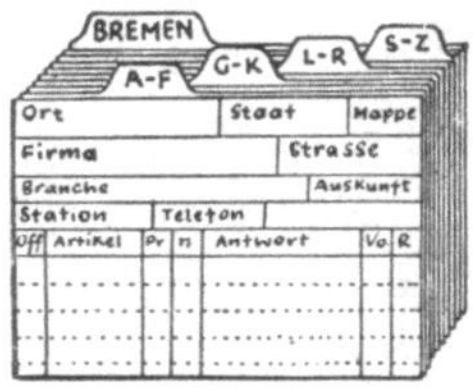

Ordnung nach Orten mit Untergliederung nach Buchstaben

In der hohen Zeit der Karteiverwendung bis in die zweite Hälfte des letzten Jahrhunderts gab es ausgeklügelte Systeme von sogenannten Taben* (auch Tasten, Zungen oder Lippen genannt) und Kerben**, die aus den Karteikarten ausgeschnitten bzw. in sie eingekerbt wurden.

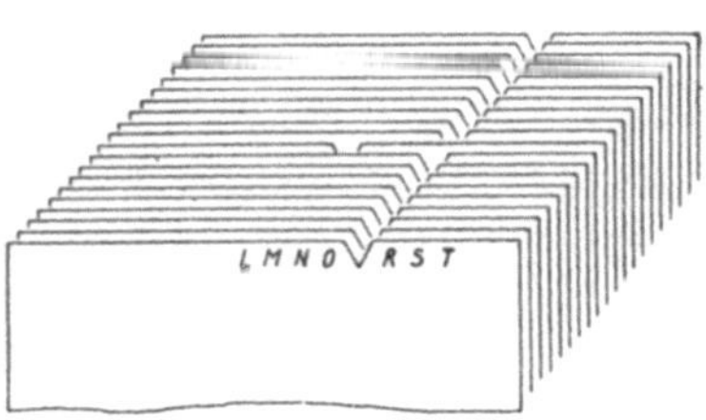

Kerbrinne
eine falsch abgestellte Karte füllt die Rinne aus

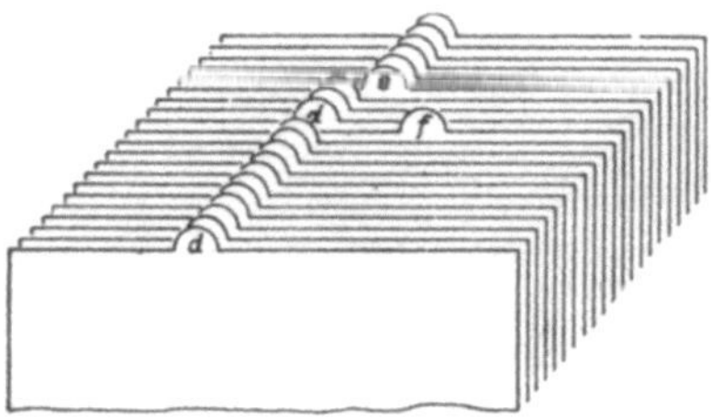

Tabwall oder Tabwulst
eine falsch abgestellte Karte hat den Tab außerhalb des Wulstes

* Einzahl: der Tab, Mehrzahl: die Tabe

** gewöhnlich „die Kerbe“, bei Porstmann nur „der Kerb“

Zur Markierung einzelner Karteikarten können auch Karteireiter dienen. Voraussetzung ist eine Vorgabe, an welcher Stelle und in welcher Farbe und Form der Reiter welche Bedeutung hat. Das ist die sogenannte Reiterbahn; oft ist sie auf den Karteikarten oder Hängeregister-Schriftgutbehältern aufgedruckt.

Es gibt Karteireiter vom einfachen Metallblättchen bis zum beschriftbaren Reiterschildchen. In der letzteren Form begegnen sie uns öfter in der Hängeregistratur. Durch Farbe, Form und Stellung auf der Karteikarte senden die Reiter ihre Signale aus.

Karteikarten ließen sich also taben, kerben *und* reitern:

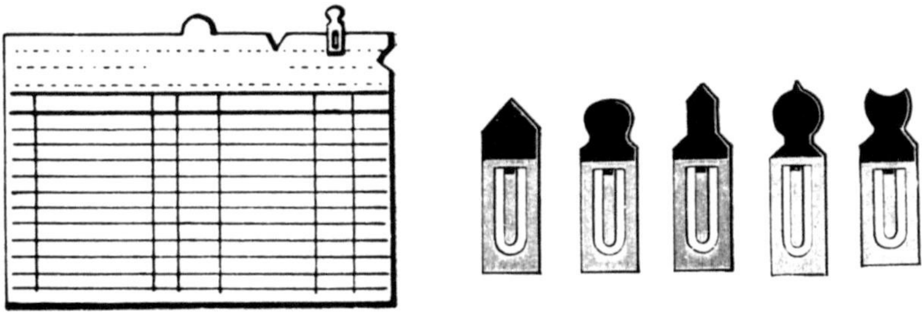

Eine standardisierte Sonderform ist die Karteikarte für den „Zettelkatalog" in Bibliotheken. Man lasse sich von dem Wort Zettel nicht irreführen, denn dieses läßt ja eher an etwas Kurzfristig-Flüchtiges auf dünnem Papier denken. In den Büchereien hat sich das Wort aber als Gegenstück zum gebundenen, buchförmigen Katalog über Jahrhunderte herausgebildet; heute erscheint es nicht mehr ganz logisch – wie häufig bei gewachsener Sprache. „Bibliothekszettel" (Bibliothekskarteikarten) sind seit 1948 auf ein Querformat von 7,5 cm x 12,5 cm international genormt, und sie bestehen aus Karteikarton – hier vorgedruckt, dort blanco, je nach Größe und Zahlungskräftigkeit der Bücherei.

Teils wurde sie mit der Schreibmaschine beschriftet, es gab aber auch eine spezielle Büchereihandschrift. Die Karteikarten sind im unteren Teil einfach gelocht, und durch das Loch führt eine Stange des Karteikastens. Diese Fixierung dient dazu, bei der gewöhnlichen Benutzung durch den Leser die Karteikarten in der Reihenfolge und vollständig zu halten. Das Einsortieren neuer Karten, etwa zum Ergänzen der Beschriftung, oder die Entnahme von Karten, zum Beispiel von verlorenen oder ausgesonderten Titeln, obliegt dem Bibliothekar, der dazu natürlich die Sicherungsstange entfernen muß.

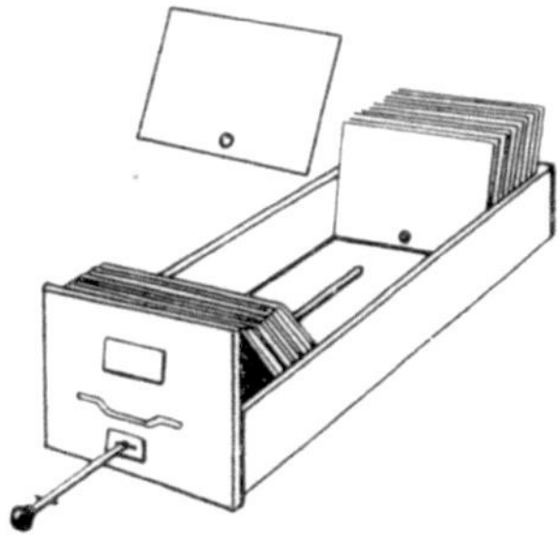

Schub mit Rundstange,
Karten mit Rundloch

In Leihbibliotheken kannte man auch zweiflügelige Leserstammkarten. In sie wurden die Karten der Bücher eingelegt, die der Leser gerade entliehen hatte (auf diesen wurde der letzte Rückgabetag – meist durch Stempel – vermerkt) und die Stammkarte wurde beim Termin einsortiert.

Bei Rückgabe der Bücher wurden die Buchkarten aus der Leserstammkarte entnommen und wieder ins Buch gelegt (meist in eine Tasche innen im Rückendeckel).

Die nun wieder leere Leserstammkarte konnte bis zur nächsten Buchleihe in den entsprechenden Karteikasten einsortiert werden.

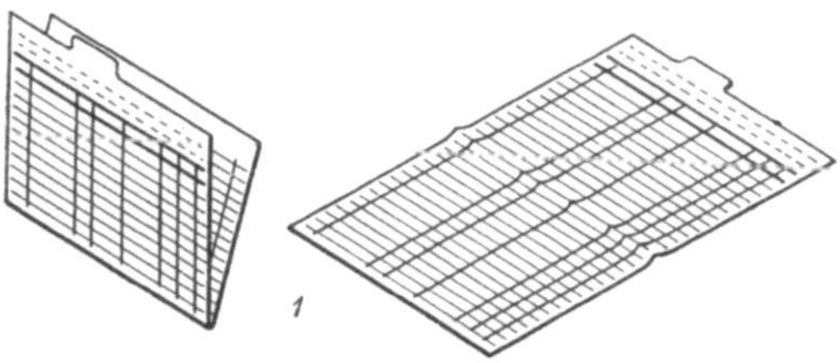

In Arztpraxen hat sich bis heute eine andere Mischform aus Kartei und Ablage erhalten. Bei der Patientenkartei ist die Karteikarte zu einer mehrflügeligen Quasi-Mappe erweitert, in die Befunde und dergleichen eingelegt werden können. Meistens geschieht das im A-5-Querformat und ist für die längere Aufbe-

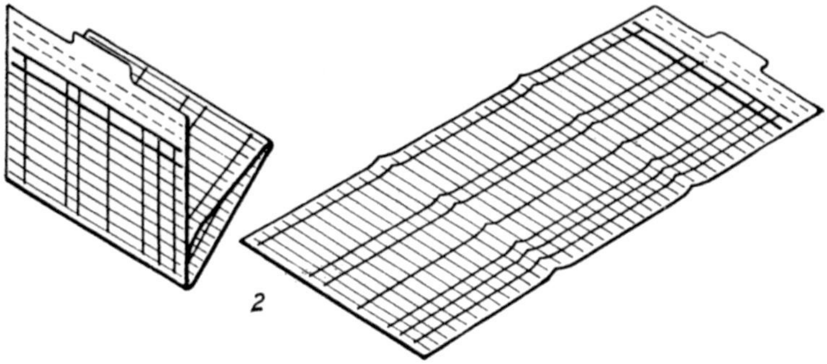

wahrung gedacht. Für Kerbungen sind diese Dreifachkarten ungeeignet, sie können aber gut getabt oder gereitert werden.

Die Weiterentwicklung der Karteikarte war die Lochkarte. Eine Entwicklungslinie führte über die ursprüngliche Kopf- oder Seitenkerbung zur Randlochkarte (Kerblochkarte). Sie war vollständig auf mechanische Handhabung ausgelegt.

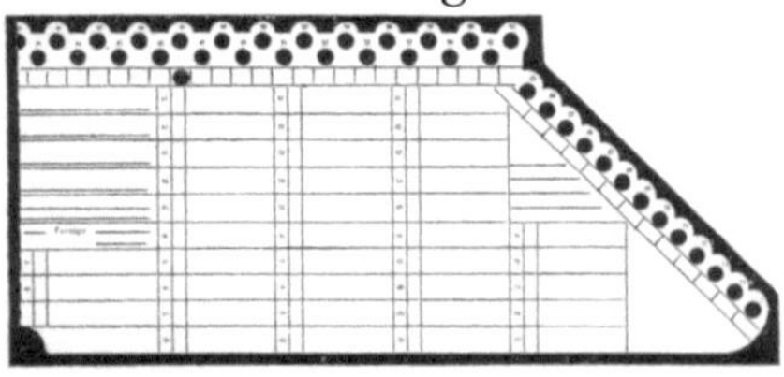

Die Hälfte einer Karte mit Lochtabreihen oben und an den schrägen Seiten. Jedes Loch ist benummert und hat seine Bedeutung. Mit einer Zange schneidet man bestimmte Löcher auf, sodaß durchgesteckte Stangen nur die geschlossenen anheben

Dazu dienten spezielle Sortiernadeln, welche die Karten an den vollständig gebliebenen Löchern festhielten,

während die an dieser Stelle gekerbten Karten aus dem Stapel herausfielen.

Bei den später entwickelten Formen war sogar eine frühe Form von Zahlencodierung möglich.

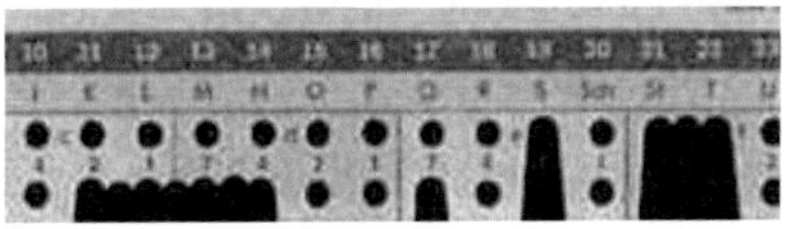

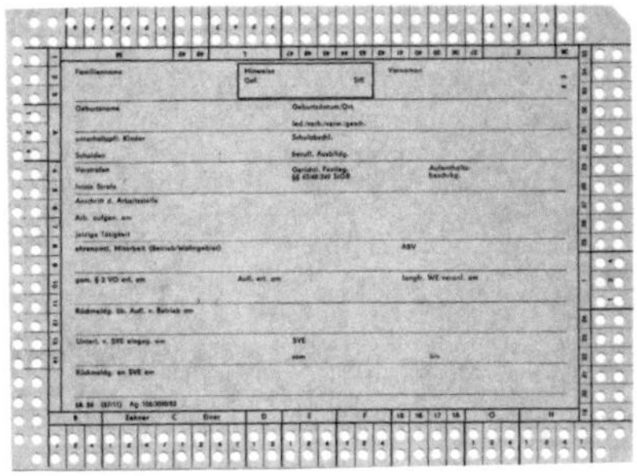

Alle Lochkarten haben eine schräge Ecke, damit sie richtig sortiert werden können.

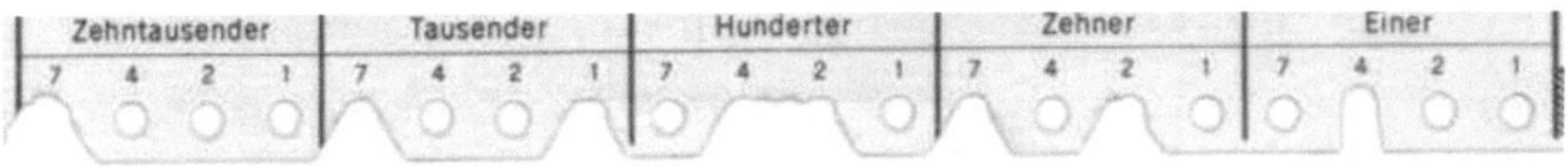

Das zugehörige Symbol in DV-Prozeßplänen ist eine stilisierte Lochkarte.

Mit der anderen Entwicklungslinie wurde die Lochkarte im engeren Sinne geschaffen. Erfinder war Herman Hollerith (1860 - 1929), der seinerseits ein älteres, rein mechanisches System adaptierte.

Der französische Erfinder Joseph-Marie Jacquard hatte im ausgehenden 18. Jahrhundert für die Steuerung von Textilwebstühlen gelochte Karten aus Karton oder kräftigem Papier verwendet, um entsprechend kodierte Informationen zu speichern.

Hollerith, der aus der Pfalz nach Amerika ausgewandert war, wirkte 1880 an der amerikanischen Volkszählung mit. Seitdem beschäftigte er sich mit Fragen der Datenspeicherung und Datenverarbeitung.

Zum Lochen, Sortieren und Auslesen der Informationen erfand Hollerith entsprechende Geräte und Maschinen. 1889 wurde das ganze System patentiert und bei der Volkszählung im Jahre 1890 erstmals in großem Maßstab eingesetzt. Im Gegensatz zum Jacquard-Webstuhl wurden die Lochkarten hier nicht mehr steuernd eingesetzt, sondern als Informationsträger.

Nach etlichen Jahren der Weiterentwicklung, auch der Konkurrenz der Hersteller, stabilisierte sich um 1928 das Lochkartenformat auf 18,7 cm × 8,3 cm und 80 Lochspalten und war so bis in die 70er Jahre sehr weit verbreitet.

Auf die 80 Spalten geht übrigens der Zeilenumbruch einiger Texteditoren und E-Mail-Programme nach 80 Zeichen zurück. Die große Zeit der Karteien und Lochkarten zog sich bis ins letzte Viertel des 20. Jahrhunderts, danach wurden sie von elektronischer Datenverarbeitung allmählich verdrängt.

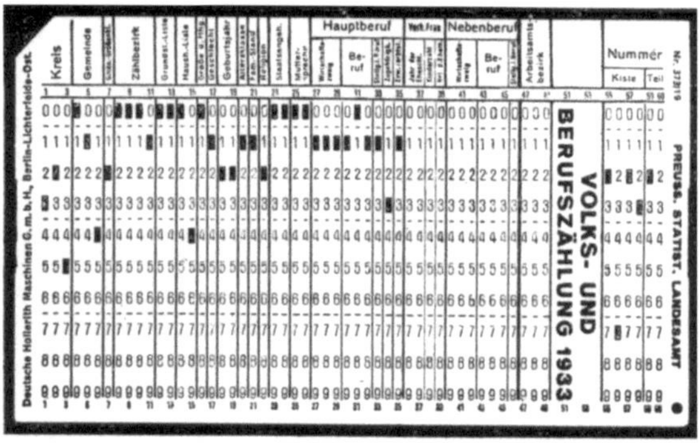

Heutige DV-Anwendungen leisten ein Vielfaches ihrer mechanischen Vorfahren und kommen ohne Tonnen von Karten und ratternde Maschinen aus – doch *das Prinzip* setzt sich fort.

Schon in der Blütezeit von Mechanik und Elektromechanik mußte ein logisches Konzept hinter allem stehen, um trotz vieler technischer Grenzen gute Ergebnisse zu erzielen. Die Klarheit des Denkens kann auch die leistungsfähigste Datenverarbeitung nicht ersetzen. Analoge Fehler lassen sich nicht digital abfangen.

Daher ist die EDV oft eine willkommene Hilfe, nur hüte man sich vor dem Aberglauben, sie wäre ein Allheilmittel.

Schreibstoffe, Vervielfältigung

Tinten

Allgemeines

Als Tinte (lat. *tincta [aqua]* „gefärbtes Wasser“) bezeichnet man eine intensiv gefärbte Flüssigkeit zur Verwendung in Federkielen, Pinseln oder Füllfederhaltern. Tinte besteht meist aus einer Lösung oder Dispersionen von Farbmitteln in Wasser oder anderen Lösungsmitteln, die wenig oder keine Bindemittel enthalten. Tuschen sind spezielle Tintenformen, die sich durch sehr kräftige Farbe auszeichnen und häufig Bindemittel enthalten.

Tinte wurde in Ägypten bereits um 3.000 v. Chr., in China um 2.600 v. Chr. verwendet. Gewöhnliche schwarze Tinte wurde lange Zeit aus Ruß und Gummiwasser (Gummi arabicum) hergestellt.

Eine bedeutende Erfindung im 3. Jahrhundert v. Chr. war die Herstellung der Eisengallustinte durch Abkochen von Galläpfeln mit Eisenvitriol (Eisen-II-Sulfat) und Zugabe von Gummiwasser. Eisengallustinte gilt als besonders beständig und wird noch heute als dokumentenechte Tinte verwendet.

Im Mittelalter wurden einige Rezepturen mit unterschiedlich farbigen Pigmenten entwickelt, die Verbreitung von Federkielen führte auch zur Entwicklung der Dornrindentinte, die nicht so schnell eintrocknete wie Eisengallustinte und daher den Federkopf seltener verstopfte. Letztere blieb jedoch weiter, vor allem für langfristige Dokumentationen und in Archiven, die am häufigsten eingesetzte Rezeptur.

Mit der Entwicklung der modernen Chemie im 19. Jahrhundert wurde eine Vielzahl von Farbstoffen entdeckt und nach Möglichkeit auch zum Schreiben und Malen eingesetzt. Da wasserlösliche Farbstoffe jedoch oft nur wenig lichtecht und zudem leicht auswaschbar sind, entstanden bald Richtlinien für die Zusammensetzung von Tinten zum Erstellen von permanenten Dokumenten. So wurde 1856 erstmals ein Rezept für eine Eisengallustinte veröffentlicht, deren Bestandteile erst nach dem Trocknen wasserunlöslich wurden und das einen künstlichen, wasserlöslichen Farbstoff enthielt, damit die Linien auch vor dem Eintrocknen sichtbar waren.

Tintenarten

Tinten mit gelösten Farbmitteln
Hier sind die Farbstoffe chemisch in dem jeweiligen Medium gelöst oder als Komplex gebunden. Vorteile sind eine leichte Handhabbarkeit, da die Farbstoffe nicht ablagern (sedimentieren) können und auch dünne Federn oder Düsen nicht verstopft werden. Nachteilig ist die oft nur geringe Lichtechtheit und die Unbeständigkeit gegenüber bestimmten Chemikalien.

Tinte auf Wasserbasis
Wasserlösliche Tinten werden vor allem für das Schreiben oder Markieren auf Papier eingesetzt, da sie nicht durch das Papier schlagen und es auch nicht so sehr auf die Trocknungsgeschwindigkeit ankommt. Sie trocknen wesentlich langsamer als Tinten auf Basis anderer Binde- und Lösemittel.

Länder mit hoher Luftfeuchtigkeit ziehen daher für Anwendungen auf glatten Oberflächen Tinte auf Lösungsmittelbasis vor.

moderne Eisengallustinten

Moderne Eisengallustinten sind zweistufig aufgebaut. In der Flüssigkeit liegt Eisen(II)-sulfat neben Gallsäureverbindungen farblos in Lösung vor, die dunkle Färbung (um den Schriftzug zu verfolgen) wird durch einen ebenfalls löslichen dunklen Farbstoff erreicht. Beim Trocknen an der Luft wird das Eisen dann weiter oxydiert, und es entsteht der tiefschwarz gefärbte Eisen(III)-Gallat-Komplex. Diese Tinten sind nach dem Öffnen der Tintenflasche nur begrenzt haltbar.

Aus chemischer Sicht ist frische Eisengallustinte zunächst eine wäßrige Lösung. Die wasserunlöslichen Teilchen, die Pigmente, entstehen ja erst durch Oxydation – im Idealfall auf dem Papier und eher unerwünscht, wenn der Oxydationsprozeß schon durch Luftzutritt im offenen Tintenfaß einsetzt.

Ganz praktisch sollte man deshalb Tintenfässer von Eisengallustinten nicht offen stehen lassen, weil die erwünschte zweite Oxydationsstufe sonst nicht erst auf dem Papier, sondern schon im Tintenfaß stattfindet. Außerdem setzen die allmählich entstehenden Pigmente die Tintenleiter von Füllfederhaltern zu, deshalb müssen diese häufiger gereinigt werden als beim Einsatz chemisch stabiler Lösungen.

Die modernen, füllhaltertauglichen eisengallushaltigen Dokumententinten enthalten keinen Gummi und keinen Ruß mehr, weil diese die Tintenleiter verkleben würden.

Spezialrezepturen „nach alter Art“ tragen Warnhinweise.

Die frischen Schriftzüge sollten *nicht* abgelöscht werden, sondern auf dem Papier trocknen. Nur dadurch bleiben sie „satt“ und kräftig; abgelöschte Schrift ist blasser.

Aufgrund der verbreiteten Verwendung von Eisengallustinte in der Vergangenheit sind die langfristigen Reaktionen zwischen Bestandteilen der Tinte und den verwendeten Schreibgründen (Pergament, Papier) von enormer Bedeutung für die Bestandserhaltung von Schriftstücken.

Durch komplizierte chemische Reaktionen entstehen im Laufe der Zeit Schwefelsäure und freie Eisen(II)-Ionen, die Schreibgründe wie Papyrus oder Papier zersetzen können. In Anlehnung an den Säurefraß wird dieser Vorgang auch Tintenfraß genannt. Während als Gegenmaßnahmen hierzu in den letzten Jahrhunderten vor allem chemische Maßnahmen eingesetzt wurden (unter anderem Nitrozellulose), konzentrieren sich moderne Methoden lediglich auf die schonende Neutralisation der Säure und auf die Wiederherstellung der Papierstabilität (beispielsweise durch das Papierspaltverfahren).

Lösungsmittelbasierte Tinte ohne Pigmente: Tintenlösungen

Lösungsmittelbasierte Tinten werden vor allem für das Schreiben auf glatten Oberflächen (Glas, Folien) verwendet. Außerdem werden sie, wie oben erwähnt, in Ländern mit hoher Luftfeuchtigkeit lieber verwendet als die langsamer trocknenden wasserlöslichen Tinten. Auf Papier schlagen sie sehr stark durch und verlaufen. In Frage kommende Lösungsmittel sind meist Äthanol und Äthylacetat oder andere Carbonsäureester, in seltenen Fällen Toluol und Xylol.

Diese Lösungsmittel haben die Eigenschaft, sehr schnell und unabhängig von der Luftfeuchtigkeit zu verdunsten und somit schneller einen trockenen Film zu bilden. Mittlerweile wird von den deutschen Herstellern als Lösungsmittelbasis nur vergälltes Äthanol (Spiritus) verwendet, da dieses Mittel gesundheitlich am unbedenklichsten ist.

Tinten mit unlöslichen Farbmitteln: pigmentierte Tinten

Pigmente können sich im Gegensatz zu den Farbstoffen nicht chemisch im Medium lösen, sondern sie sind lediglich aufgeschlämmt (dispergiert).

Pigmentierte Tinten haben den Vorteil einer hohen Farbkraft, hoher Lichtechtheit, hoher Wasserfestigkeit und Chemikalienresistenz (dies ist vor allem von Bedeutung, wenn Tinte dokumentenecht sein soll).

Als Nachteil ist jedoch zu erwähnen, daß Pigmente sich relativ rasch absetzen, sofern ihre Dichte sich von der des Lösungsmittels unterscheidet. Deshalb werden die Pigmente in solchen Tinten oft besonders stabilisiert. Die feinen Tintenleiter der Füllfederhalter verstopfen dabei leicht und müssen beim Einsatz pigmentierter Tinten besonders oft und gründlich gereinigt werden - ähnlich wie beim Einsatz von Eisengallustinten, deren Pigmente aber erst nachträglich entstehen.

Je größer die Pigmentteilchen sind, um so schneller sedimentieren sie in der Regel. Bei Whiteboard-Tinten benötigt man besonders grobe Pigmente, damit beim Abwischen keine Teilchen zurückbleiben. Pigmente von Textmarkern sind dagegen besonders fein (0,1-0,4 Mikrometer).

Unterscheidung von pigmentierten Tinten und Tintenlösungen

Bei hellen Farbtönen (gelb, rot, orange) kann man farbstoffbasierte Tintenlösungen von pigmentierten Tinten leicht unterscheiden: die Lösungen sind im Gläschen im Gegensatz zu pigmentierten Tinten transparent (man kann durch die Flüssigkeit hindurchsehen). Bei dunkleren Farben (blau, violett, grün) erscheinen Farbstofflösungen im Gläschen fast schwarz, pigmentierte Tinten haben dagegen im Gläschen die gleiche Farbe wie auf dem Papier.

Einige Tintenhersteller von Füllfederhaltertinten

Das Schreiben mit Tinte im Füllfederhalter lebt wieder auf, es konnte von Kugel- und Faserschreiber nicht dauerhaft verdrängt werden. Es würde aber den Rahmen dieses Buches sprengen, auf das Thema umfassend einzugehen.

Hier seien einige Tintenhersteller – ohne Rangordnung und sicher unvollständig – genannt. Interessierte können sich im Internet näher kundig machen.

- Gutenberg
- Pelikan
- Jansen / de Atramentis[50]
- Rohrer & Klingner
- Akkerman, Den Haag, Niederlande
- J. Herbin, Paris, Frankreich
- Diamine's, Liverpool, England
- Noodler's, Frisco, TX, USA

---

[50] bietet auch viele Tinten „alten Stils" für Federn an

Kopierstifte, Tintenstifte

In den 70er Jahren des 19. Jahrhunderts wurden Kopierstifte (copying pencils) zum Gebrauch mit der Kopierpresse entwickelt. Sie enthalten neben Graphit, Ton und Bindemitteln einen Anteil von 25 - 50 % Farbstoff. Wurde der Stift angefeuchtet, zum Beispiel mit feuchtem Löschpapier, häufig aber auch durch Anlecken, zogen die Schriftzüge sofort wie Tinte in das Papier ein. Die so hergestellten Schriftstücke konnten analog zum Prinzip des Kopiervorganges tintengeschriebener Dokumente vervielfältigt oder durch Auflegen eines stark angefeuchteten Blattes Seidenpapier dupliziert werden.

Bei Kopierstiften gibt es verschiedene Zusammensetzungen. Man muß hierbei zwischen Bleikopierstiften und Farbkopier- oder Tintenstiften unterscheiden. Bleikopierstifte enthalten neben Graphit oder Ruß wasserlösliche Farbstoffe. Der Schriftzug ist durch den Pigmentanteil lichtbeständig und wird durch die Farbstoffe kopierfähig. Tintenkopierstifte enthalten dagegen ausschließlich wasserlösliche Farbstoffe als Farbmittel und kopieren meist in einem blauen oder violetten Farbton, während sie grau oder schwarz schreiben.

Durch den Zusatz von Farbstoffen können die Spuren des Kopierstiftes nicht radiert werden, und da das beständige Eintauchen der Feder in die Tinte ausblieb, wurde er schnell zu einem beliebten Schreibmittel. Auch heute noch sind Kopierstifte als dokumentenechtes Schreibmittel zugelassen und werden z. B. von traditionsbewußten Notaren und Buchhaltern verwendet.

Stempelfarben

Allgemeines

Je nach Einsatzzweck und Weiterverarbeitung der Dokumente gibt es spezielle Stempelfarben, die zum Beispiel beim Einlesen von Bankbelegen in der daraus erzeugten Bilddatei zu sehen oder eben gerade *nicht* zu sehen sind. Vergleichbar wurden frühere Stempelfarben nach thermokopierfähig oder nicht thermokopierfähig unterschieden; bei den heute üblichen Kopierern ist diese Unterscheidung bedeutungslos geworden.

Es gibt lebensmittelechte Eier-, Käse- oder Fleischbeschaustempelfarben und solche, die auch auf besonders glatten oder porös-saugenden Untergründen gut haften.

ölfreie Stempelfarben für Gummistempel

Stempel wurden ab 1865 aus Naturgummi (Kautschuk) einfacher und billiger gefertigt als die vorher üblichen gravierten und teuren Messingstempel. Gummistempel gibt es auch heute noch, teilweise wurden sie von solchen aus Polymeren abgelöst.

Bis in die 1980er Jahre mußte noch jeder Stempel in Blei gesetzt, daraus eine Gipsmatrize gefertigt und diese mit Gummi ausvulkanisiert werden. Heute werden die Konturen mit Laser aus einer Gummiplatte herausgebrannt.

Polymerstempel dagegen werden belichtet und die Konturen dann mit Spezialchemikalien ausgewaschen.

Die Stempelfarben für Gummi- und Polymerstempel können auf Wasser- oder auch auf Lösungsmittelbasis hergestellt werden, in jedem Fall *müssen sie ölfrei sein*, denn Öl würde die Stempel bald porös und brüchig (Gummi) oder klebrig-verwaschen (Polymer) werden lassen.

Die in Europa handelsüblichen Stempelfarben sind dokumentenecht.

ölhaltige Stempelfarbe, Paginierstempelfarbe

Im Gegensatz zu Gummi- oder Polymerstempeln benötigen Metallstempel, Paginiergeräte, Frankiermaschinen und dergleichen ölhaltige Stempelfarben. Wasserlösliche Stempelfarben könnten die fein gravierten Ziffern angreifen, krustige Ablagerungen hinterlassen oder Korrosion in Gang setzen. Ölhaltige Stempelfarbe dringt in die oberen Papierschichten ein und ist nicht mehr spurenfrei zu entfernen, dadurch ist sie dokumentenecht.

Farbbänder für Schreibmaschinen u. dgl.

Schreibmaschinen, Rechenmaschinen, Registrierkassen älterer Bauart und Nadeldrucker verwenden Seiden-, Baumwoll- oder Nylon-Farbbänder (mitunter zweifarbig), die mit ölhaltiger Farbe getränkt sind. Diese dringt, wie alle ölhaltigen Farben, oberflächlich in das Papier ein, ist nicht mehr spurenlos entfernbar und damit dokumentenecht. Für Korrekturen muß daher radiert oder abgedeckt werden – und das ist sichtbar.

Schreibmaschinen mit Textilfarbbändern haben einen Umschaltmechanismus, durch den das Farbband hin und her auf die Spulen gewickelt wird. Das heißt, die Farbbänder sind für viele Schreibdurchgänge geeignet. Im Laufe der Zeit, wenn genügend Farbe vom Farbband auf die Schriftstücke aufgebracht wurde, verblaßt das Schriftbild, und es muß ein neues Farbband eingelegt werden.

Im späten 19. Jahrhundert wurden Farbbänder mit einer speziellen Kopiertränkung angeboten. Die mit solchen Farbbändern geschriebenen Seiten konnten mit den damals üblichen Kopierpressen vervielfältigt werden. So war es möglich, in einem Arbeitsgang sowohl eine Kopiervorlage als auch Durchschläge herzustellen. Auch geteilte Farbbänder waren im Einsatz (gewöhnliche und Kopiertränkung). Später entwickelten sich die in schwarze und rote Schrift geteilten Farbbänder daraus; der Farbbandhubmechanismus war ja schon vorhanden.

Etwa in den 1970er oder 1980er Jahren kamen beschichtete Karbonbänder für Schreibmaschinen auf. Sie laufen nur einmal durch und müssen dann erneuert werden, weil für jedes Zeichen die Beschichtung vom Band auf das Papier übertragen wird. Für Korrekturen kann das Zeichen vom Papier relativ leicht und praktisch spurlos wieder abgehoben werden. Dadurch sind mit Karbonband beschriebene Papiere *nicht* dokumentenecht.

Ein „netter Nebeneffekt“ für Werksspione und andere Neugierige war die Tatsache, daß sich, wenn auch ohne Leerzeichen, der gesamte Text eines Dokuments aus dem weggeworfenen Karbonband einfach ablesen ließ (wie auch bei nur einmal benütztem Kohle- oder Durchschreibpapier).

Durchschreibpapier (Kohlepapier, Blaupapier)

Heute werden nicht mehr sehr häufig Durchschläge mit Kohlepapier gefertigt. Kohlepapierdurchschläge sind dokumentenecht, weil die Beschichtung Ölbestandteile enthält. Dasselbe gilt übrigens für das meist violette, blaue oder rote Durchschreibepapier für handschriftliche Ausfertigung (zum Beispiel Quittungen).

Mit den Typen der Schreibmaschine wird die Schrift durch*geschlagen*, mit der Hand dagegen durch*geschrieben*, daher stammen die beiden unterschiedlichen Bezeichnungen für einen sehr ähnlichen Vorgang. Auch auf der Schreibmaschine lassen sich mit Hand-Durchschreibepapier Durchschläge fertigen, sie neigen aber in der Regel ein wenig zum „Schmieren" – so wie Handdurchschriften mit Kohlepapier oft recht blaß sind.

Kohle- und Durchschreibepapier läßt sich mehrfach verwenden, besonders wenn man es beim neuen Schriftstück leicht versetzt einlegt oder umdreht. Ein anderer Rat zur besseren Ausnutzung des Kohlepapiers geht dahin, das zunächst für den ersten Durchschlag verwendete Kohlepapier nun für den letzten zu verwenden und umgekehrt.

Für die Durchschläge selbst wurde ein dünnes, glattes, zähes Durchschlagpapier verwendet, manchmal bei mehreren Durchschlägen auch verschiedenfarbiges (Einkauf, Buchhaltung und so weiter). Die Verwendung von dünnem, aber rauhem Florpapier für Durchschläge war bei Knappheit an echtem Durchschlagpapier möglich, widersprach aber dem Streben nach Sparsamkeit: es verbraucht zu viel von der Kohlebeschichtung.

Reprographie: Kopieren und Vervielfältigen

Überblick

Eine Reproduktion ist die Nachahmung eines schon vorhandenen Objektes, zum Beispiel eines Gebrauchsgegenstandes oder eines Kunstwerkes. Etwas enger gefaßt, aber immer noch sehr weitreichend, verstehen wir unter Reprographie als Oberbegriff die Wiedergabe von Geschriebenem oder Gezeichnetem.

Ein Lehrbuch von 1980[51] unterscheidet sogar noch genauer danach, ob ein Zwischenträger verwendet wird (so entstehen Vervielfältigungen) oder nicht (es entstehen Kopien).

Diese Feinunterscheidung kann heute nicht mehr überzeugen.

Zum einen war damals auch die „echte" Fotokopie unter den Kopien eingeordnet, obwohl sie mit einem Negativ als Zwischenträger wirkt, also nach dieser Logik eine Vervielfältigung ist. Zum anderen sind die Trommeln moderner Kopierer durchaus als Zwischenträger anzusehen, von denen sich weit mehr als nur eine Kopie ziehen läßt. So könnte man nach der strengen Auslegung nur den Abklatsch in der Kopierpresse und die direkte Thermokopie als zwischenträgerloses Verfahren gelten lassen.

Über beide ist die Zeit hinweggegangen, der Unterschied ist praktisch bedeutungslos geworden, und wir sprechen deshalb im folgenden von Vervielfältigungen.

---

[51] Appel/Rühling, S. 104 ff.

Vervielfältigungsverfahren

Es gab Dutzende von Vervielfältigungsverfahren, heute hat sich die Xerographie (von griechisch *ξηρός*, xeros = „trocken“ und *γράφειν*, gráphein = „schreiben“) durchgesetzt. Die wichtigsten der älteren Verfahren seien hier zumindest angerissen, um die Entwicklung nachzuzeichnen. Bis ins erste Drittel des 19. Jahrhunderts gab es für die Vervielfältigung einzelner Dokumente nur eine Möglichkeit: abschreiben! Druckverfahren mit Bleilettern, Holzschnitten, Kupferstichen usw. waren nur für größere Auflagen wirtschaftlich und kamen für Einzelkopien nicht in Betracht.

Abklatsch mit Kopiertinte oder -stift und Kopierpresse

Das Allgemeine Deutsche Handelsgesetzbuch verpflichtete seit 1862 alle Kaufleute, eine „Kopie oder Abschrift“ der von ihnen versandten Handelsbriefe aufzubewahren. Nach der Entdeckung der Teerfarben (Methylviolett, Anilinblau, Eosin und anderer mehr) im 19. Jahrhundert wurden diese bald auch für Kopiertinten und -stifte verwendet. Das ergab die Möglichkeit, mit einer Kopierpresse die Originale auf dünnes, ungeleimtes Seidenpapier zu übertragen. Das zeitraubende Abschreiben auf Einzelblätter oder in Registerbücher entfiel. Dies war – vor der Erfindung der Schreibmaschine mit ihrer Möglichkeit des Durchschlags – die hohe Zeit der Kopiebücher in Handelsbetrieben. Die Kopierpresse wurde um 1780 von James Watt zum Patent angemeldet und deshalb auch als „Wattsche Presse“ bezeichnet.

Die Originale wurden mit Kopierstift geschrieben, mit einem angefeuchteten Blatt Seidenpapier bedeckt, mit einer Zwischenlage aus Wachspapier vom nächsten Blatt getrennt und so weiter.

Ein ganzer Stapel solcher Blattsätze, meist die Korrespondenz eines Tages, kam dann über Nacht unter Druck in die Kopierpresse. Die angefeuchtete Kopierstiftschrift diffundierte auf die durchscheinenden Rückseiten der Kopien, das Wachspapier verhinderte die Übertragung auf andere Blätter. Für das Verfahren bürgerte sich der Begriff Abklatsch ein.

Die getrockneten Kopien wurden teils auf festeres Papier aufgeklebt, um sie besser lesbar zu machen und bei der weiteren Handhabung zu schonen.

Nach der Erfindung der Schreibmaschine kamen auch bald Farbbänder auf den Markt, die mit kopierbarer Tinte getränkt waren. So konnten in einem Arbeitsgang das Original und mehrere Durchschläge mit Kohlepapier angefertigt werden, und gleichzeitig waren die Originale geeignet, einen Abklatsch auf der Kopierpresse zu liefern. Es gab sogar getrennt getränkte Schreibmaschinenfarbbänder – eine Hälfte erzeugte „gewöhnliche“ Originale und die andere kopierbare.

So kam der Umschaltmechanismus für die Farbbänder auf, mit dem man regeln konnte, ob der untere oder der obere Teil des Farbbandes den Abdruck liefern sollte. Später, als das Abklatschen unüblich geworden war, traten schwarz/rot geteilte Farbbänder an ihre Stelle – oder bei Verwendung einfarbiger Farbbänder Sparsamkeitsüberlegungen: zur gleichmäßigen Abnutzung der Farbbänder schaltete man vom oberen auf den unteren Farbbandteil um. Übrigens konnte man zum Beschriften von Wachs- oder Ormig-Matrizen das Farbband auch ganz abschalten.

Anfang des 20. Jahrhunderts wurden, besonders in größeren Unternehmen, Walzenkopierpressen eingesetzt, die mit einer langen Papierbahn des Kopierpapiers arbeiteten, die nach dem Abklatsch die Kopie auch automatisch abschnitten. In diese Zeit fallen auch Überlegungen, was den höheren Beweiswert hat: die Preßkopie oder der Durchschlag.

Hiervon hat sich lediglich die Verwendung von Kopierstiften, wenn auch zurückgehend, wegen ihrer Dokumentenechtheit vereinzelt bis heute gehalten. Zum Kopieren werden sie nicht mehr verwendet.

Weniger zur echten Vervielfältigung als mehr zum Zurückbehalten einer oder mehrerer Kopien gibt es bis heute Durchschreibebücher und -blöcke. Sie sind oben im Kapitel „Diarien, Kladden, Arbeitsbücher" näher besprochen.

Hektographie

Die Hektographie (von gr. *ἑκατόν*, hékatón = „hundert" und *γράφειν,* gráphein = „schreiben"), also „Hundertschreibung", kam ebenfalls im 19. Jahrhundert mit der Entdeckung der Teerfarben auf. Hier ging es nicht um das Anfertigen weniger Kopien, sondern um echte Vervielfältigung in einigen Dutzend oder hundert Exemplaren. Dazu wurden die Vorlagen (Matrizen) mit Hektographentinte beschrieben und auf eine flache Gelatineplatte gelegt. Die Farbe übertrug sich auf die Gelatine und konnte mit gelindem Druck an das unbeschriftete Papier abgegeben werden.

Die abgezogenen Exemplare wurden zusehends heller, weil sich die Farbe auf der Gelatineschicht erschöpfte.[52] War die Auflage fertiggestellt, um die 50 Exemplare waren möglich, konnte die Gelatineplatte feucht abgewischt und für die Vervielfältigung eines anderen Dokumentes wiederverwendet werden.

Wachsmatrizenverfahren

Bei diesem Verfahren wurde ein mit Wachs beschichtetes Papier auf der Schreibmaschine ohne Farbband beschrieben. An den so farbdurchlässig gemachten Stellen konnte Druckerschwärze durch die Schablone dringen und den Text auf saugfähigem Papier (z. B. auf sogenanntem Saugpostpapier) sichtbar machen.

Spiritusumdrucker - Ormig, Ditto

Bis weit in die 90er Jahre des 20. Jahrhunderts wurde dieses Verfahren angewandt, denn es war billig – beim Verbrauchsmaterial (Kunstdruckpapier, Farbpapier, Befeuchterflüssigkeit) und vor allem bei der Anschaffung der Geräte.

Der Spiritus-Karbon-Umdruck (spirit duplication) wurde 1923 von Wilhelm Ritzerfeld eingeführt, dem Gründer der Berliner Organisationsmittel GmbH (Ormig). Für das ganze Vervielfältigungsverfahren entwickelte sich dann in Deutschland das Synonym Ormig. Eine weitere bekannte Firma, die sehr erfolgreich diese Maschinen vertrieb, war die Ditto Inc. aus Chicago,

---

[52] vgl. Elias, S. 29

und so wurde „Ditto“ – ähnlich wie „Ormig“ in Deutschland – *der* Begriff für vervielfältigte Dokumente im englischsprachigen Raum.

Der Vervielfältigungsträger wurde in der Regel mit einer Schreibmaschine angefertigt, konnte aber auch mit der Hand beschriftet oder mit Zeichnungen versehen werden. Das glatte, wasserundurchlässige Kunstdruckpapier war rückseitig mit einer wachsartigen Paste beschichtet, die alkohollösliche Anilinfarbstoffe und Industrieruß (carbon black) enthielt. Auf der Rückseite wurde das Negativ des Geschriebenen als dicke Farbschicht erzeugt und anschließend von der Vorderseite abgelöst. Die Matrize wurde dann mit der Tintenseite nach außen auf eine rotierende Trommel gespannt. Mit jeder Drehung der Trommel wurde die Oberfläche der Matrize mit einem Lösungsmittel, einer flüchtigen Chemikalie (z. B. Spiritus), befeuchtet und so eine ausreichende Menge Farbstoff gelöst. Unter der Trommel wurden Kopierpapiere eingeführt und mit der Matrize unter leichtem Druck mittels Walzen in Kontakt gebracht. Es entstand ein positives Abbild auf dem Papier, und bis die Tinte aufgebraucht war, konnten stetig Kopien hergestellt werden. Die zuletzt gewonnenen Kopien haben allerdings deutliche Fehlstellen im Schriftbild und sind im Ganzen etwas heller. Die Schriftfarbe der entstandenen Abzüge ist überwiegend violett, aber es waren auch andere Farben verfügbar. Mit dem violetten Farbstoff konnten die meisten Abzüge gewonnen werden, deshalb waren sie mit Abstand die häufigsten.[53]

[53] vgl. Elias, S. 29 ff.

Das Farbpapier, das mit der Farbseite zur Matrize in die Schreibmaschine eingespannt wurde, konnte – im Gegensatz zum mehrfach verwendbaren Kohlepapier – nur einmal verwendet werden. Man mußte auch darauf achten, es nicht mit gewöhnlichem Blaupapier (eigentlich violett) für Handdurchschriften zu verwechseln. Bei getrennter Lieferung von Matrizen- und Farbpapier konnten schon Irrtümer vorkommen; die Bereitstellung von Papiersätzen aus Matrizenpapier und leicht angeleimtem Farbpapier (schon in der richtigen Position: mit der Farbseite zur Matrize) entschärfte das in den 80er Jahren.

Korrekturen auf der Matrize waren noch möglich (wenn auch etwas schmutzig): das falsche Zeichen war vorsichtig abzuschaben, zum Beispiel mit einer Rasierklinge, und dann konnte ein Stück unverbrauchtes Farbpapier von hinten an die Matrize gedrückt und der richtige Buchstabe angeschlagen werden.

In der DDR war für das glatte Matrizenpapier teils der Name „Eiweißpapier“ gängig. Bei dieser Bezeichnung muß es sich aber um einen Irrtum gehandelt haben, denn echtes Eiweißpapier (Albuminpapier) hat technisch nichts mit dem Ormigverfahren zu tun, sondern kommt nur für ein anderes, sehr seltenes, hier nicht weiter besprochenes Vervielfältigungsverfahren in Frage.

Dokumentenechtheit vs. Alterungsbeständigkeit bei Kopierstiftkopien, Hektographien und Spiritusumdrucken

Die bis hier aufgeführten Vervielfältigungen können zwar nicht spurenlos verändert werden, sind also insofern dokumentenecht. Aber sie sind schon beim Kontrast der Schrift zum Papier nur mäßig gut lesbar, und vor allem sind sie wegen der Lichtempfindlichkeit der Farben nicht sehr alterungsbeständig.

Sie verblassen unter Lichteinfluß und können damit ein Problem in Archiven und Bibliotheken werden, die ja auf Daueraufbewahrung ausgerichtet sind.

Inzwischen sind die Verfahren überholt und von der Xerographie verdrängt worden.

Thermokopie

Für Thermokopierverfahren (und analog für Thermodruck, zum Beispiel heute in Kassenrollen weit verbreitet) wird spezielles wärmeempfindliches Papier benutzt. Thermokopien sind weder dokumentenecht noch alterungsbeständig – im Gegenteil, sie verblassen in kurzer Zeit und werden unlesbar.

Lichtpausen (Diazotypie)

Die Vorlagen werden auf transparentem Pauspapier oder auf Folie erstellt und dann zusammen mit einem chemisch vorbehandelten Papier (meist von der Rolle) durch eine Belichtereinheit gezogen. Nun kann die Vorlage entfernt werden, während das belichtete Papier von der Rolle geschnitten und in einem nächsten Arbeitsgang über Ammoniakdämpfen entwickelt wird.

Das Verfahren wird gern für großformatige Dokumente verwendet, etwa für Bau- und Konstruktionszeichnungen und Pläne. Vor dem Aufkommen der Plotter waren es meist nur Lichtpausmaschinen, die für Großformate geeignet waren.

Photokopie / Fotokopie

Der Begriff wird für mehrere Verfahren verwendet, heute meist für die Xerographie (siehe unten). Es gehören aber auch andere Verfahren dazu, die sich heute weitgehend überlebt haben – etwa weil sie zu aufwendig oder zu schädlich waren.

Am Anfang stand das Abfotografieren mit nachfolgendem Filmentwickeln und Anfertigen von Vergrößerungen auf Fotopapier. Die speziellen Dokumentenfilme waren meist sehr licht*un*empfindlich, dafür aber auch sehr feinkörnig, was der Qualität der Vergrößerung zugute kam. Deshalb mußten die Vorlagen hell ausgeleuchtet sein. Da dieses Reproduktionsverfahren sehr aufwendig war, wurde es nur eingesetzt, wenn unbedingt nötig. In der Zeit waren Abschriften oder Auszüge erheblich weiter verbreitet als heute.

Ohne den Schwerpunkt auf die Reproduktion zu legen, sondern archivalische Aspekte stärker berücksichtigend, wurde und wird die Verfilmung von Papierdokumenten zur Bestandssicherung, zur Schonung der Originale oder zur Reduzierung des Lagerplatzes angewandt. In diesen Fällen ist die Rückvergrößerung die Ausnahme.

In Deutschland kamen ab den 1960er Jahren elektrostatische Verfahren auf, bei denen die Vorlagen eine lichtempfindliche Walze belichteten und von dieser auf besonders beschichtete, verhältnismäßig teure Papiere übertrugen. Beim Naßkopierverfahren war die Suspension aus Toner und Trägerflüssigkeit gesundheitlich bedenklich, die Geräte waren störanfällig und wartungsintensiv.

Xerographie

Heute am weitesten verbreitet ist die Xerographie (von griech. *ξηρός*, xeros = „trocken“, und *γράφειν*, gráphein = „schreiben“), das indirekte trockene Verfahren der Elektrofotografie oder des Elektrofaksimileverfahrens. Dazu wird ein Fotoleiter, meist eine Walze, mit dem optischen Abbild einer Vorlage belichtet, wodurch ein latentes Bild aus elektrischen Ladungen entsteht. An den geladenen Stellen bleibt Farbe in Form eines Toners haften, mit der anschließend eine Kopie der Vorlage gedruckt werden kann. Das Verfahren wird in allen heute gängigen Kopiergeräten und Laserdruckern eingesetzt wird. Die Ergebnisse sind denen der Tintenstrahldrucker oder Verfahren mit Thermopapier (Thermokopierer, Thermodrucker) hinsichtlich Auflösung, Lichtechtheit und Beständigkeit überlegen.

Xerographien sind im Gegensatz zu Tintenstrahl- oder Thermodrucken sehr dauerhaft und vor allem lichtecht. Der Toner haftet jedoch nur oberflächlich und kann wieder vom Träger entfernt werden. Manchmal geschieht das im Lauf der Jahre von selbst. Der Toner kann sich auch an Knickstellen ab lösen. Inzwischen gibt es Polymertoner mit feineren und gleichmäßiger geformten Partikeln. Dieser platzt an den Falzkanten nicht mehr ab.

Bei beidseitig bedruckten Papieren, besonders bei sehr glatten Kunstdruckpapieren, können die Blätter durch den Toner aneinander haften; in Klarsichthüllen bleibt manchmal ein Teil des Toners auf der Folie zurück. Das ist besonders unter Druck der Fall, zum Beispiel in hohen Papierstapeln.

Verschiedene Gutachten bescheinigen den Xerographien bzw. Laserdruckern eine Archivfestigkeit von über 50 Jahren. Naßkopien halten angeblich länger als Xerographien – bei diesen inzwischen nicht mehr gebräuchlichen Erzeugnissen haben sich keine Lebensdauerbeschränkungen feststellen lassen. Die Mitte der achtziger Jahre aufgekommenen Trockentonersysteme haben nach anfänglicher Skepsis der Nutzer das Naßabzugsverfahren innerhalb kürzester Zeit fast vollständig verdrängt. Zu schwerwiegend waren die Nachteile, und inzwischen haben Trockensysteme ebenfalls eine sehr gute Qualität erreicht.

Kopierer können in analoge und digitale Kopierer eingeteilt werden; bis etwa Mitte der 1980er Jahre wurden nur analoge Geräte hergestellt. Seit dieser Zeit wurden immer mehr digitale Kopierer entwickelt, der analoge Vorgänger ist etwa seit der Jahrtausendwende von digitalen Geräten verdrängt worden; analoge Kopierer werden inzwischen nicht mehr produziert. Ausnahmen hiervon sind kleine A4-Kopierer einiger Hersteller für den persönlichen Bedarf mit einer Geschwindigkeit von ca. vier A4-Kopien pro Minute.

In analogen Kopierern erfolgt die Entwicklung der Trommel direkt vom Original über ein Objektiv und Spiegel, das Abbild der Vorlage wird optisch auf der Trommel abgebildet. Belichtung und Entwicklung laufen synchron in einem Gerät. Das heißt, daß für mehrere Kopien derselben Vorlage auch ebensoviele Belichtungs- und Entwicklungsvorgänge nötig sind.

Der digitale Kopierer besteht dagegen aus zwei getrennten Einheiten, dem Scanner und dem Druckwerk. In der Regel werden diese Einheiten jedoch wie bei einem analogen Kopierer in einem Gerät untergebracht. Beim Digitalkopierer wird die Vorlage mit dem Scanner digitalisiert und in einem Speicher (RAM oder auch Festplatte) zwischengespeichert. Das hier gespeicherte Bild der Vorlage wird anschließend elektronisch an das Laserdruckwerk übertragen und ausgedruckt.

Ein Vorteil der Digitaltechnik liegt darin, daß Seiten aus dem Zwischenspeicher mehrfach kopiert werden können, ohne die Vorlage erneut belichten zu müssen. Zudem können neben dem reinen Kopieren zusätzliche Funktionen wie Drucken, Faxen, Scannen und das elektronische Versenden der Vorlagen per E-Mail oder in Netzwerkverzeichnisse angeboten werden.

Ein weiterer Vorteil ist die Möglichkeit der Zwischenbearbeitung einer Kopie im Gerät. Die hier am häufigsten eingesetzte Funktion ist die Kantenschärfung für Schriften, die das bei analogen Systemen bekannte Problem der Randunschärfen eliminiert und insbesondere bei Schriftstücken eine erhebliche Verbesserung der Qualität bedeutet. Auch das Vergrößern oder Verkleinern ist oft hilfreich, ebenso die Möglichkeiten des Zusammenkopierens mehrerer Originale auf eine Kopie oder der Ausgabe auf Vorder- und Rückseite der Kopie. Das hilft beim Papiersparen.

Der wichtigste Vorteil ist jedoch die kompaktere und preisgünstigere Bauweise, da keine Optiken, Blenden und Spiegel im verschmutzungsgefährdeten Bereich zwischen Belichtereinheit und Trommel sein müssen. Die Abtastung muß überdies nicht zeitsynchron zur Entwicklung laufen.

Insbesondere für den professionellen Einsatz gedachte Kopierer, oft Multifunktionsgeräte, verfügen in der Regel über eine

Vielzahl von Zusatzfunktionen, meist in Form von Anbauten:

Der Automatischer Vorlageneinzug (*ADF, Automatic Document Feeder*) ermöglicht das automatische Kopieren von Vorlagen mit mehreren Seiten. Der Originaleinzug positioniert eine Seite auf dem Vorlagenglas, wo sie belichtet wird. Anschließend wird die Seite vom Vorlagenglas entfernt und die nächste Seite der Vorlage vom Originaleinzug auf dem Vorlagenglas positioniert. Originaleinzüge mit Originalwendung (*RADF, Recirculating Automatic Document Feeder*) können auch die Rückseite einer Seite der Vorlage automatisch auf das Vorlagenglas positionieren. Ein alternatives Verfahren führt die vom ADF eingezogenen Seiten an einer feststehenden Scanzeile vorbei, wo das Original im Vorbeiziehen eingelesen wird. Für eine zuverlässige Funktion ist eine regelmäßige Wartung des ADF ist notwendig. So besteht das Pad zum Separieren der Seiten meist aus Gummi und Kork. Dieses Trenn-Gummi altert. Wird es nicht gereinigt und regeneriert oder ausgetauscht, sind Einzugsfehler die Folge.

Die Duplexeinheit ermöglicht das automatische Bedrucken der Rückseite der Kopien. Damit kann der Papierverbrauch gegenüber dem einseitigen Kopieren halbiert werden.

Papiervorrat: Papier wird in Kassetten und Magazinen vorgehalten.

In Kassetten können normalerweise Papiergrößen von DIN A5 bis DIN A3 oder A3+ bzw. SRA3 (Überformat) vorgehalten werden. Die Kassetten werden als Universalkassetten bezeichnet, wenn sie sich auf die verschiedenen Papierformate einstellen lassen. Die Kapazität einer Kassette liegt bei etwa 500 bis 1000 Blatt Papier.

Papiermagazine sind normalerweise für das A 4-Format vorgesehen, mitunter sind auch Magazine für DIN A 3 verfügbar. In der Regel lassen sich Magazine nicht auf ein anderes Papierformat einstellen. Die Kapazität eines Magazins liegt bei ca. 2.500 bis zu 4.000 Seiten.

Finisher und Sorter dienen zur Aufnahme der fertigen Kopien oder Drucke. Bei digitalen Kopierern wird die Ausgabeeinheit als Finisher bezeichnet, bei analogen Kopierern als Sorter. In Finishern und Sortern werden die Kopien automatisch nach Dokumenten und Seiten sortiert abgelegt.

Bei vielen Finishern und Sortern können die sortierten Stapel auch geheftet und / oder gelocht werden, die Kopiensätze dürfen dabei bis zu 50 oder 100 Seiten umfassen. Außerdem können Finisher mehrseitige Broschüren erstellen. Dafür werden die fertig gedruckten Seiten in der Mitte gefalzt und dann getackert. Mögliche Formate sind A 5-Broschüren (½ DIN A 4-Seite) und A 4-Broschüren (½ DIN A 3-Seite).

Eine Lochereinheit ermöglicht das Lochen der Kopien. Sie werden einzeln gelocht, so daß es keine Beschränkung bei der Seitenzahl (bzw. Stärke) eines Kopiensatzes gibt. Die Lochereinheit kann bei vielen Kopierermodellen umgeschaltet werden, so daß die Lochung nach ISO-Standard 838 oder auch nach der 4-Loch-Erweiterung von ISO-Standard 838 (888-Lochung[54]) möglich ist. Die schwedische Lochung[54] wird dagegen in der Regel in einer separaten Lochereinheit angeboten, die *kein* Umschalten zu den ISO-Standards ermöglicht.

---

[54] siehe oben, S. 82 f.

Die Druckfunktion ermöglicht das Drucken von Dokumenten von einem Computerarbeitsplatz im Netzwerk oder von einem Datenträger aus.

Die Scanfunktion macht das Speichern der abgetasteten Vorlage im Netzwerk, auf einem Datenträger oder das direkte Versenden per E-Mail möglich.

Die Faxfunktion arbeitet wie ein herkömmliches Faxgerät. Dokumente werden über das Vorlagenglas eingelesen und über einen Telefonanschluß an die Gegenstelle übertragen. Es können auch Faxe empfangen und ausgedruckt werden. Weiterhin lassen sich empfangene Faxe direkt an verschiedene Ziele wie z. B. E-Mail-Adressen oder Verzeichnisse in Netzwerken weiterleiten.

Vorsicht vor Tonerstaub

Aus Kopierern oder Laserdruckern kann Fein- und Ultrafeinstaub in den Raum gelangen, deshalb sind sie möglichst nicht direkt am Arbeitsplatz, sondern in getrennten Räumen aufzustellen. Auch für eine gute Belüftung der Räume muß gesorgt sein.

Die offizielle Bewertung, ob und welche Gesundheitsgefahren von Tonerstaub ausgehen, ist noch nicht abgeschlossen. Die genaue Zusammensetzung des Toners dürfte auch einen großen Einfluß haben.

Jedenfalls ist es wichtig, nach Kontakt mit Toner – wie überhaupt nach jeder schmutzigen Arbeit – sich gründlich die Hände zu waschen.

Maße

Papiergewichte (Auswahl)

• Seidenpapier	bis 25 g/qm
• Luftpostpapier	bis 30 g/qm
• Durchschlagpapier, Florpapier	20–40 g/qm
• Dünndruckpapier[55]	39 g/qm
• Zeitungs-, Prospektpapier	50 g/qm
• Saugpostpapier[56]	70 - 80 g/qm
• Schreib-, Schreibmaschinenpapier	70 - 80 g/qm
• Umschlagpapier	80 - 90 g/qm
• Buchungspapier	90 - 100 g/qm
• Buchungskarton	130 - 150 g/qm
• Postkartenkarton	140 - 170 g/qm
• Karteikarton	190 - 250 g/qm
• Umschlagkarton	200 - 300 g/qm
• Aktendeckelkarton	250 g/qm
• Leitkartenkarton	400 g/qm
• Vollpappe (Ordnerrücken)	600 g/qm

[55] auch „Bibeldünndruckpapier“, weil es zuerst für Bibeln verwendet wurde. Sehr leichtes, dünnes, zähes, aber nicht durchscheinendes Papier für umfangreiche Druckwerke: eine andere, weit verbreitete Anwendung war die für Eisenbahnkursbücher, Telefon- u. Adreßbücher u. ä. Verzeichnisse.

[56] Saugpostpapier: sehr voluminöses, saugfähiges Papier für das früher verbreitete Abzugsverfahren mit Schablonenvervielfältigern und Schablonendruckern.

Alte Papierformate (Auswahl)

Bezeichnungen wie Bischof, Löwen, Median, Imperial oder Oliphant stammen vom Wasserzeichen der Papiermühle. Sie wurden teils für die Qualität verwandt, teils haben sie sich als Formatangabe gehalten.

- Oliphant 67 ½ cm × 108 cm
- Imperial 57 cm × 78 cm
- Royal 48 cm × 65 cm
- Median 44 cm × 56 cm
- Register, Löwen 40 cm × 50 cm
- Bischof 38 cm × 48 cm
- Propatria[57] 34 cm × 43 cm
- Kanzlei 33 cm × 42 cm
- Brief[bogen] 27 cm × 42 cm
- Folio[57] 21 cm × 33 cm
- Quart 22 ½ cm × 28 ½ cm
- Oktav 14 ¼ cm × 22 ½ cm

Hochwertiges Papier mit Wasserzeichen ist heute als „Bankpostpapier“ im Handel. Es wird im Format DIN A 4 angeboten und läßt sich problemlos mit Laserdruckern verarbeiten.

---

[57] Das Pro-Patria-Wasserzeichen, das auch Hollandia-Wasserzeichen oder „Hollandse Magd“ genannt wird, war in den Niederlanden, Deutschland, Frankreich und weiteren europäischen Ländern weit verbreitet für Papiere im Folio-Format.

Zeitungsformate

Im deutschsprachigen Raum haben sich einige Zeitungsformate etabliert. Die gebräuchlichsten sind:

• Norddeutsches Format	40 cm	× 57 cm
• Rheinisches Format (1)	35 cm	× 51 cm
• Rheinisches Format (2)	35 cm	× 52 cm
• Rheinisches Format (3)	36 cm	× 53 cm
• Schweizerisches Format, „Format NZZ“	32 cm	× 47 ½ cm
• Berliner Format	31 ½ cm	× 47 cm

Dies nennt die geschlossene Breite, die aufgeschlagene Zeitung ist also doppelt so breit.

Woher stammt der „Blaue Brief“? – Papierqualitäten

Bis ins 19. Jahrhundert wurde Papier aus hadernhaltigen Lumpen hergestellt. Waren diese gefärbt, zum Beispiel Militäruniformen in Preußischblau, entstand ein bläuliches Papier, weil damals die Papierbleiche noch nicht entwickelt war. Es war relativ preiswert und wurde in den Amtsstuben als Konzeptpapier verwendet – im Gegensatz zum feineren Kanzleipapier für Reinschriften.

Auf königliche Order mußten für Schreiben, die kuvertiert versandt wurden, die Kuverts aus dem billigen Konzeptpapier gefaltet werden. Derartige – nicht immer angenehme – Schreiben waren schon äußerlich als amtliche Briefe erkennbar; daraus entwickelte sich die Bezeichnung „Blauer Brief“ für Unangenehmes.

DIN-Papierformate

Im Jahre 1917 wurde der „Normenausschuß der deutschen Industrie“ gegründet, daraus entwickelte sich das „DIN Deutsches Institut für Normung e. V.“ Eine seiner frühen Normen war die DIN 476 Papierformate von 1922, die der deutsche Ingenieur Walter Porstmann entwickelte. Auch über Deutschland hinaus konnten sich die Formate durchsetzen.

A 0 = 1 qm im Seitenverhältnis von $1 : \sqrt{2}$ (1 : 1,41, ca. 5 : 7); die abgeleiteten Formate ergeben sich jeweils durch Halbierung.

DIN	Bezeichnung	Format
• A 0	Vierfachbogen	84,1 cm × 118,9 cm
• A 1	Doppelbogen	59,4 cm × 84,1 cm
• A 2	Bogen	42 cm × 59,4 cm
• A 3	Halbbogen	29,7 cm × 42 cm
• A 4	Viertelbogen	21 cm × 29,7 cm
• A 5	Blatt, Achtelbogen	14,8 cm × 21 cm
• A 6	Halbblatt; Postkarte	10,5 cm × 14,8 cm
• A 7	Viertelblatt	7,4 cm × 10,5 cm
• A 8	Achtelblatt	5,2 cm × 7,4 cm

Wiegt man 16 Blätter im A-4-Format, erhält man die Grammatur des Papiers, die sich auf den Quadratmeter bezieht.

Umgekehrt läßt sich aus der Grammatur das Blattgewicht errechnen, zum Beispiel 80 g/ qm : 16 = 5 g/ Blatt [A 4]
Ein 500-Blatt-Paket 80-g/ qm-Druckerpapier wiegt also 2,5 kg.

Von der DIN-A-Reihe ausgehend sind wiederum abhängige Größen für Umschläge, Aktendeckel, Hefter und dergleichen definiert.
A paßt in C; C paßt in B.

	DIN C	DIN B
• 0	917 cm × 129,7 cm	100 cm × 141,4 cm
• 1	64,8 cm × 91,7 cm	70,7 cm × 100 cm
• 2	45,8 cm × 61,7 cm	50 cm × 70,7 cm
• 3	32,4 cm × 45,8 cm	35,3 cm × 50 cm
• 4	22,9 cm × 32,4 cm	25 cm × 35,3 cm
• 5	16,2 cm × 22,9 cm	17,6 cm × 25 cm
• 6	11,4 cm × 16,2 cm	12,5 cm × 17,6 cm
• 7	8,1 cm × 11,4 cm	8,8 cm × 12,5 cm
• 8	5,7 cm × 8,1 cm	6,2 cm × 8,8 cm

Die Höchstmaße für Briefsendungen im Postverkehr orientieren sich an der DIN-B-Reihe.

Außerdem sind zwei weitere abgeleitete Formate sehr gängig:

- DL (DIN lang) 11 cm × 22 cm
- C6/C5 11,4 cm × 22,9 cm
  (kurze Seite von C6 mit langer Seite von C5, etwas größer als DL, faßt größere Blattanzahl)

Betriebs- und Geschäftsgeheimnisse, Verschlußsachen

Jedes Unternehmen, jede Behörde, jede Kanzlei, auch jede Privatperson, hat Geheimnisse.

Ein Geheimnis ist eine – meist sensible – Information, die einem oder mehreren Eigentümern zugeordnet ist. Es soll einer fremden Personengruppe, für die sie von Interesse ist oder sein könnte, nicht bekannt oder einsehbar sein. Die entsprechende Information wird häufig absichtlich in einem kleinen Kreis Eingeweihter gehalten. Sie kann durch äußere Umstände auch vollkommen verloren gehen, zum Beispiel durch Zerstörung sämtlicher Dokumente oder Ausfall der Wissensträger.

Die Folgen der Offenlegung eines Geheimnisses reichen von der Beeinträchtigung über Nachteil, Schaden und schweren Schaden bis zur Gefahr oder zur existenzbedrohenden Gefahr. Dementsprechend gibt es Vertraulichkeits- bzw. Geheimhaltungsgrade, selbst festgelegte (etwa in der Wirtschaft, in Kirchen, Vereinen oder im Privaten) oder durch geltendes Recht vorgeschriebene.

Die amtlichen, veröffentlichten Bestimmungen finden sich in den Verschlußsachenanweisungen des Bundes und der Länder sowie im „Handbuch für den Geheimschutz in der Wirtschaft". Sie nennen die Geheimhaltungsgrade, jeweils mit dem Zusatz „amtlich geheimgehalten" bzw. „auf amtliche Veranlassung geheimgehalten":

- STRENG GEHEIM, wenn die Kenntnisnahme durch Unbefugte den Bestand oder lebenswichtige Interessen der Bundesrepublik Deutschland oder eines ihrer Länder gefährden kann,

- GEHEIM, wenn die Kenntnisnahme durch Unbefugte die Sicherheit der Bundesrepublik Deutschland oder eines ihrer Länder gefährden oder ihren Interessen schweren Schaden zufügen kann,
- VS-VERTRAULICH, wenn die Kenntnisnahme durch Unbefugte für die Interessen der Bundesrepublik Deutschland oder eines ihrer Länder schädlich sein kann,
- VS-NUR FÜR DEN DIENSTGEBRAUCH, wenn die Kenntnisnahme durch Unbefugte für die Interessen der Bundesrepublik Deutschland oder eines ihrer Länder nachteilig sein kann.

Daneben gibt es die frei bestimmten Kennzeichnungen für Dokumente, deren Geheimhaltung nicht amtlich oder auf amtliche

Veranlassung erfolgt, sondern aus dem Interesse des Unternehmens, der Körperschaft, des Vereins usw.

Ein- und Abstufungen und Zusatzinformationen gibt es so viele, daß es, um den Rahmen des vorliegenden Buches nicht zu sprengen, beim Verweis auf Recherchen im Internet bleiben muß.

Außerdem dürften die meisten OE unveröffentlichte Regeln zu diesem Thema haben. Dem Verwaltungsneuling sei ans Herz gelegt, sich auf diesem Gebiet kundig zu machen und die Bestimmungen peinlichst genau einzuhalten, denn spätestens hier begibt er sich in stark vermintes Gelände.

Dabei ist zu beachten, daß die Verschwiegenheitspflicht selbstverständlich auch für ungekennzeichnete sensible Informationen gilt.

In der DDR wurde zwischen Dienst- und Staatsgeheimnissen unterschieden. *Dienstgeheimnisse* waren

- Nur für den Dienstgebrauch (NfD),
- Vertrauliche Dienstsache (VD), später Besondere Dienstsache oder nachweispflichtige Dienstsache,

Staatsgeheimnisse wurden als

- Vertrauliche Verschlußsache (VVS),
- Geheime Verschlußsache (GVS),
- Geheime Kommandosache (GKdoS, sprich: Gekados)

eingestuft.

Diensträume, in denen Dokumenten ab VD aufwärts bearbeitet wurden, waren grundsätzlich „Siegelzimmer“, auch die Aufbewahrungs- und Transportbehälter wurden versiegelt („petschiert“).[58]

Beim Militär des Warschauer Paktes war es lange Vorschrift, Geheimdokumente durch den Umschlag zu vernähen und dann über die Fadenenden zu versiegeln.

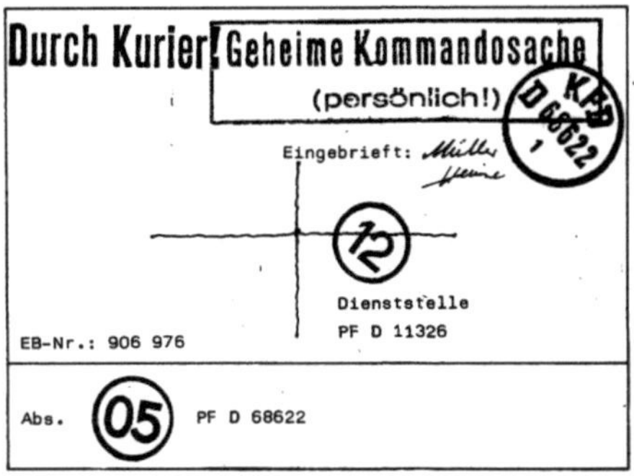

Das Vernähen diente dazu ein beliebtes Verfahren von Spionen zum Lesen fremder Post zu verhindern: dabei wurde mit einer speziellen Zange durch den schmalen Schlitz an der Umschlaglasche der Inhalt aufgerollt und entnommen, konnte gelesen und fotografiert und dann wieder in den Umschlag zurückpraktiziert werden.

[58] siehe oben, S. 167

Abkürzungen

Hier sind bewußt auch Abkürzungen aufgeführt, die teils ungebräuchlich geworden sind, also eher Aktenkundler und Historiker interessieren, teils fachsprachlich geprägt sind, z. B. im akademischen Bereich für die Abfassung wissenschaftlicher Arbeiten. In ein Nachschlagewerk mit starkem historischen Bezug wie das vorliegende gehören sie allemal.

+, ++, #, †, ‡ – *Geschäftsgangsvermerk*
sogenannte Kreuzsachen – durch das meist farbige Kreuz macht der Vorgesetzte kenntlich, ob er sich die Unterschrift (Schlußzeichnung) vorbehält, ob er den Vorgang vor oder nach Abgang des Ausgangsschreibens sehen will usw.

§, §§
Paragraph, Paragraphen – vor allem bei rechtlichen Fundstellennachweisen, aber auch bei alten Dokumenten, die noch nach §§ gegliedert sind (bevor sich das auf das Rechtswesen „zurückzog")

a. A. oder a. a. – *Geschäftsgangsvermerk*
ad Acta, ad acta = zu den Akten (**z. d. A.**)

a. a. O.
bei Zitatangaben: am angegebenen Ort[e];
Synonyme: **ebda.** (ebenda); **loc. cit.** bzw. **l. c.** (*loco citato*)

a. p., a. c., a. f. – anni ...
- a. p. = *anni praeteriti* = vergangenen Jahres
- a. c. = *anni currentis* = laufenden Jahres
- a. f. = *anni futuri* = künftigen Jahres

a. u. s.
actum ut supra = **g. w. o.** = geschehen wie oben (Schlußformel in Protokollen) *vgl. g. g. u.*

B oder **bB** – *Geschäftsgangsvermerk*
Bericht (bitte Bericht) = der Sb soll dem Vorgesetzten eine schriftliche Zusammenfassung zu dem Vorgang geben

Bd., Bde.
Band, Bände; Synonym: **vol.** oder **Vol.** *(volume[s])*

br. m. – *Geschäftsgangsvermerk*
brevi manu = kurzer Hand, kurzerhand d. h. urschriftlich

cf. oder **cfr.**
confer, conferatur = **vgl.** = vergleiche

do. oder **dto.**
dito = desgleichen

ebda. oder **ebd.**
bei Zitatangaben: ebenda;
Synonyme: **a. a. O.**; **loc. cit.** bzw. **l. c.** (*loco citato*)

etc. im Druck auch oft als **𝔄𝔠.** oder gelegentlich **&c.**
et cetera = und so weiter
gelegentlich verstärkt zu **etc. p. p.** *(von lat. perge, perge = fahre fort, fahre fort)*

excl.
exclusive = ausgeschlossen, ausgenommen

f., ff.
f. = und der/die folgende, ff. = und die folgenden – oft bei Zitatangaben für Seiten oder bei rechtlichen Fundstellennachweisen für die Paragraphen oder Randnummern im Kommentar

fR oder f. R. – *Geschäftsgangsvermerk*
fernmündliche Rücksprache = der Sb soll den Vorgesetzten anrufen

g. g. u.
gelesen, genehmigt, unterschrieben (Schlußformel in Vernehmungsprotokollen) *vgl. v. g. u.*

g. w. o.
geschehen wie oben (Schlußformel in Protokollen) *vgl. a. u. s.*

i. m.
in mundo = auf dem Mundum = auf der Reinschrift: zeigte in Konzepten an, wem die Reinschrift zur Unterschrift vorzulegen (von wem die Reinschrift „zu vollziehen“) war

incl.
inclusive = eingeschlossen, einschließlich

l. c. oder **loc. cit.**
bei Zitatangaben: loco citato;
Synonyme: **a. a. O.** (am angeführten Ort[e]); **ebda.** (ebenda)

L. S.
Loco Sigilli = Ort des Siegels (bei der Druckwiedergabe einer im Original gesiegelten Urkunde)

m. c. (meist nur **curr.** oder **c.**)
mensis currentis = laufenden Monats

n. A. – *Geschäftsgangsvermerk*
nach Abgang: das Ausgangsschreiben (oder den gesamten Vorgang) dem Verfügenden vorlegen

N. B.
Nota Bene = (wörtlich) merke gut; aufgepaßt, beachte

N. N.
Numerius Negidius = im römischen Klageformular Platzhalter für den Namen des Beklagten – die daraus entstandene Abkürzung N. N. – oft auch als *Nomen Nominandum* (Der Name ist [noch] zu nennen) oder *Nomen Nescio* (Den Namen kenne ich nicht) volksetymologisch verschliffen – ist in weiteren Zusammenhängen üblich.

Unter den Neudeutungen hat sich heute das *Nomen Nominandum* am stärksten durchgesetzt, gefolgt vom *Nomen notum* (Der Name ist bekannt; ergänze: wird aber nicht bekanntgegeben).

N. N. wird in Texten und Ankündigungen als Platzhalter für Personennamen verwendet, die zum Zeitpunkt der Drucklegung noch nicht bekannt sind oder (noch) zurückgehalten werden. Dies betrifft sowohl Texte, die lediglich als Vorlage dienen, als auch Druckwerke und sonstige Veröffentlichungen mit Ankündigungscharakter. Das Kürzel in diesem Sinne findet wie folgt Verwendung:

- Im akademischen Alltag bei der Ankündigung von Lehrveranstaltungen, die von einem zukünftigen Stelleninhaber abzuhalten sind, auch dann, wenn dieser zwar schon feststeht, aber noch nicht berufen oder eingestellt worden ist. Hiermit wird auf die Erfordernisse und Feinheiten personalrechtlicher Vorgänge und diesbezüglicher Befindlichkeiten Rücksicht genommen.
- Im Rechtswesen, insbesondere im Zivilprozeßrecht, in Schriftsätzen der Parteien des Rechtsstreits als Platzhalter für den Namen eines noch nicht benannten und daher noch zu benennenden Zeugen. Damit wird das Hinzuziehen eines Zeugen geltend gemacht, dessen Identität noch nicht bekannt ist oder noch nicht preisgegeben werden soll.
- In Organigrammen von Unternehmen und Behörden bei noch unbesetzten (Plan-)Stellen. Das entspricht der Bezeichnung *vacant* oder *open* in englischsprachigen Organigrammen.

P. P.
Praemissis Praemittendis = Nach Vorausschickung des Vorauszuschickenden – findet sich sowohl auf älteren Formularen (auch im Kaufmannsverkehr bis in die 1920er Jahre) als auch in Behördenberichten: „Der p. p. Müller erklärte, ...“

pr. ... – *Präsentatvermerk (Eingangsvermerk)*
Eingang des Schriftstücks und Beginn der Bearbeitung

P. T. oder **p. t.**
Pleno Titulo = Mit vollem Titel – heute noch in Österreich gebräuchliche Abkürzung: „Die p. t. Mitarbeiter ersuchen wir, ...“

R (auch **bR**) – *Geschäftsgangsvermerk*
Rücksprache (bitte Rücksprache) = der Sachbearbeiter soll den Vorgesetzten aufsuchen; vgl. fR = fernmündliche Rücksprache

sq., sqq. – in Zitaten nach der Seitenzahl
sequiturque, sequunturque = die folgende, die folgenden

U., U.R., U. g. R. usw. – *Geschäftsgangsvermerk*
- **U** = urschriftlich
- **UR** oder **U. R.** = unter Rückerbittung
- **U. g. R.** = urschriftlich gegen Rückgabe
- **U. g. W.** = urschriftlich gegen Weitergabe
- **U. g. W. u. R.** = urschriftlich gegen Weiter- und Rückgabe

vgl. auch br. m. = brevi manu = kurzerhand in der Bedeutung von urschriftlich

v – *heute meist nur noch ein Häkchen*
vidit = gesehen (von lat. videre = sehen), zur Kenntnis genommen. Das hat sich zum Häkchen abgeschliffen.

V (auch **bV**) – *Geschäftsgangsvermerk*
Vortrag (bitte Vortrag) = der Sb soll beim Vorgesetzten erscheinen und den Vorgang erläutern.

v. A. – *Geschäftsgangsvermerk*
vor Abgang das Ausgangsschreiben (oder den gesamten Vorgang) dem Verfügenden vorlegen. Er will aber wohl nicht schlußzeichnen, sonst hätte er das mit ++, # oder ‡ o. ä. angedeutet.

Vfg.
Verfügung

vgl.
vergleiche ...; Synonym: *cf.* bzw. *cfr. (conferatur)*

v. g. u.
vorgelesen, genehmigt, unterschrieben (Schlußformel in manchen Vernehmungsprotokollen) *vgl. g. g. u.*

vol. oder **Vol.**
volume(s) = Band, Bände (**Bd., Bde.**)

z. d. A. – *Geschäftsgangsvermerk*
zu den Akten – die lateinische Form lautet *ad acta.*

Römische Zahlen

Die römischen Zahlen werden für Sonderzwecke auch heute noch gern verwendet. Für Jahreszahlen (z. B. bei amerikanischen Filmen: © MCMLXXXIV = copyright 1984), für Gliederungen oder zur Paginierung der Titelei[59] in Büchern.

Zahlen schrieben die Römer nach einem anderen System als wir heute. Bei uns hat jede Zahl zwischen 0 und 9 ein eigenes Symbol, höhere Zahlen dagegen nicht. Die Römer kannten noch keine Null; sie hatten Symbole für folgende Zahlen:

- **I** = I (ein stilisierter Finger)
- **V** = 5 (eine stilisierte gespreizte Hand)
- **X** = 10 (zwei gekreuzte Hände)
- **L** = 50
- **C** = 100 (Abkürzung für das Zahlwort *centum*)
- **D** = 500 (eine Hälfte des griechischen *Phi* φ, das für 1.000 steht)
- **M** = 1.000 (Abkürzung für das Zahlwort *mille*)

Dazwischenliegende Zahlen wurden dadurch ausgedrückt, daß das Symbol für eine kleinere Zahl mehrfach hintereinander geschrieben wurde. Beim Lesen einer Zahl werden also die nebeneinander stehenden Ziffern addiert:
II = 2; **III** = 3; **VIII** = 8; **XVII** = 17; **XX** = 20; **MMXV** = 2015

---

[59] siehe oben, S. 178, Fußnote 47

Die gleiche Ziffer wurde allerdings meistens nicht öfter als dreimal nebeneinander geschrieben. Wenn das Vierfache einer Zahl gemeint war, dann schrieb man die nächstgrößere Zahl und davor die Zahl, die davon abgezogen werden muß. Für „4“ schreibt man also nicht „**IIII**“, sondern „**IV**“: „5 minus 1“.

Einer werden nur von Fünfern oder Zehnern abgezogen, Fünfer gar nicht. So lautet „45“ nicht „**VL**“, sondern „**XLV**“: „50 minus 10 plus 5“.

Für das Lesen ergibt sich also die Regel: alle in einer Zahl nebeneinander stehenden Ziffern werden grundsätzlich addiert; nur wenn eine kleine Zahl links neben einer größeren Zahl steht, dann wird die kleinere von der größeren Zahl subtrahiert, zum Beispiel:
IX = 9; **XL** = 40; **XC** = 90; **CD** = 400; **MCM** = 1900;
MCMLXVII = 1967; **MCMXCIX** = 1999; **MMIX** = 2009

Teilweise findet man römische Zahlen auch mit Kleinbuchstaben dargestellt.

In handschriftlichen Texten ist es üblich, die ganze römische Zahl zu über- und zu unterstreichen. Dadurch sinkt die Gefahr, daß sie mit gewöhnlichen Großbuchtaben verwechselt werden.

Schreibweise der Tagesangabe mit Monat in römischen Zahlen

In Osteuropa, im Gebiet des ehemaligen Österreich-Ungarn und in Eisenbahnfahrplänen ist eine Schreibweise der Tagesangabe mit dem Monat in römischen Zahlen weit verbreitet: 28/IX/2015 oder 10.III. bis 30.IV.

Die Büroreform

Bis ins 20. Jahrhundert hinein hatte die Registratur in Behörden eine sehr starke Stellung, und Akten liefen bei jedem Bearbeitungsschritt über sie. Die Registratoren waren ein geachteter Berufsstand, sie zählten innerhalb der dreigliedrigen Beamtenhierarchie zu den mittleren Beamten.

Kennzeichnend für die Registratur vor der Büroreform war das intensive Registrieren von Schriftstücken. Das zentrale Hilfsmittel der Schriftgutverwaltung bildete das (Geschäfts-)Tagebuch oder Journal, in dem ein- und ausgehende Schriftstücke gewissenhaft erfaßt, journalisiert wurden. Doch auch der Verbleib eines Schriftstücks während der Bearbeitung wurde nachgewiesen, indem jede Bearbeitungsstation einzeln registriert wurde (sogenanntes Stellen), also jedes Schriftstück beim Wechsel des Bearbeiters über die Registratur geleitet werden mußte.

Detailliert registriert wurden die Schriftstücke auch nach formalen und inhaltlichen Merkmalen in verschiedenen Indices, die in einem Generalindex zusammengefaßt werden konnten. Das umfangreiche Registrieren ermöglichte dem Registrator eine vollständige formale Bearbeitungskontrolle, die sich vor allem im Aufstellen von Restlisten unerledigter Vorgänge ausdrückte.[60] Das erwies sich zunehmend als zu schwerfällig für die wachsenden Aufgaben und die anschwellende Papierflut. Im Ablaufschema sah es ursprünglich so aus:

[60] vgl. Hoffmann S. 25

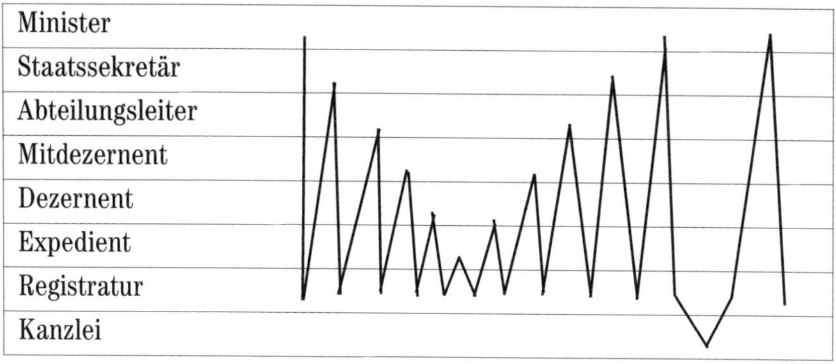

Die „Eingänge“ kamen zunächst zum Minister, der das Privileg hatte, das Siegel zu erbrechen. Nachdem er mit dem ihm vorbehaltenen Farbstift die Kenntnisnahme bestätigt und gegebenenfalls Geschäftsgangsvermerke für die weitere Bearbeitung angebracht hatte, ging das Schriftstück – jeweils über die Registratur – an die Bearbeiter. Am Ende gelangte das Konzept des Ausgangs wieder zum Minister, wurde von ihm paraphiert und über die Registratur an die Kanzlei geleitet, die die Reinschrift (das Mundum) anfertigte. Diese kam zusammen mit dem Konzept von der Kanzlei über die Registratur wieder zum Minister, der sie „vollzog“, d. h. unterschrieb, und von dort wieder in die Registratur, die für die Absendung der Reinschrift sorgte und das Konzept zu den Akten nahm.

Dies ist nur die knappe Darstellung für einen einfachen Vorgang, und es sieht aus heutiger Sicht vielleicht noch schwerfälliger und langsamer aus, als es damals in der Praxis mit geübtem Personal tatsächlich war. „Die Bearbeiter waren gewohnt, die Stücke, die leicht erledigt werden konnten, auch wirklich schnell zur Erledigung zu bringen. Man hatte rechts und links vom Arbeitsplatz Aktenböcke stehen und war unausgesetzt damit beschäftigt, die Sachen vom Eingangsbock auf den Ausgangsbock hinüberzuschaffen. Die Amtsgehilfen, untere Beamte, meist Militäranwärter von geringer Vorbildung, aber sicherer Zuverlässigkeit, waren untentwegt beschäftigt, die Akten von der Registratur und zur Registratur zu bringen, und in einer gut geleiteten Registratur wurde auch mit dem Umbuchen der Akten wenig Zeit verloren.

Trotzdem war der Geschäftsgang verglichen mit dem, was wir heute für erforderlich halten, schwerflüssig. Er war so lange erträglich, wie der Umfang der Verwaltung verhältnismäßig begrenzt war, weil sie sich auf die Regelung wichtigster Fragen beschränkte. Als aber die Vielgestaltigkeit des Lebens immer größer wurde und auch die Auffassungen über die Aufgaben des Staates und seiner Behörden im gesellschaftlichen Leben sich änderten, wurde er unzureichend. Die veränderte Quantität der Verwaltungsarbeit führte zu einer Änderung der Arbeitsmethoden.[61]

Auch andere Umstände führten zur Notwendigkeit von Änderungen, etwa das Aufkommen des Telegraphen- und Telephonverkehrs, die Verbreitung von Fahrrad und Auto, die auch mündliche Rücksprachen erleichterten, und nicht zuletzt die Erfindung der Schreibmaschine. Die scharfe Trennung von Konzept und ausschließlich durch die Kanzlei gefertigter Reinschrift fiel zunehmend weg, denn nun war es möglich, daß der Sachbearbeiter mittels Durchschlags beides in einem Arbeitsgang herstellen konnte.[62]

---

[61] vgl. Hübener S. 51 f.
[62] vgl. Hübener S. 54 f.

„Die Geheime Kanzlei des Auswärtigen Amts, in der alle Schriftstücke gefertigt wurden, nutzte noch keine Schreibmaschinen, spürte aber den Sog der Veränderungen. 1899 rang man sich zu einer Umfrage zum Schreibmaschinen-Einsatz bei den anderen Reichsämtern und bei den preußischen Ministerien durch. Die Antworten zeichnen das Bild einer Umbruchszeit, in der man über Nutzen und Nachteil der neuen Technik noch geteilter Meinung sein konnte.

Das Reichsamt der Justiz, Vorreiter bei der Schreibmaschinen-Einführung, hielt in seiner (getippten) Antwort die nötige Einübungszeit der Kanzleisekretäre für problematisch und ließ eilige Sachen lieber von Hand schreiben. Das Reichsamt des Innern teilte dagegen handschriftlich mit, dass es seine Maschinen vor allem für Eilsachen einsetzte.

Bei der Justiz und im Reichsamt der Finanzen hatte man den Effizienzgewinn schon genau beziffert und das Schreibpensum der Sekretäre auf das anderhalbfache erhöht. Bei einer Lebensdauer von zehn Jahren würde sich die Anschaffung nach zwei Jahren amortisiert haben.

Die wahren Verwaltungsfüchse saßen indessen beim preußischen Königlichen Ministerium der geistlichen Angelegenheiten, wo man weniger auf Kennziffern achtete als darauf, dass das ausgewählte Fabrikat die Seiner Majestät für Immediatberichte und Allerhöchste Erlasse allein genehme kursive Type bot. Nicht nur damals hing die Durchsetzung einer bürotechnischen Innovation eben genauso von ihrer Anpassungsfähigkeit an gegebene Nutzungsgewohnheiten ab wie von ihrem technischen Potential.

Nach der Auswertung der Umfrage schritt in der Geheimen Kanzlei des Auswärtigen Amts der Sekretär Noth zum Selbstversuch, um am Ende zu klagen: «Maschineschreiben ist körperlich und geistig sehr anstrengend». Der eigentliche Vorteil sei auch gar nicht die Tippgeschwindigkeit, sondern die Möglichkeit, Durchschläge herzustellen, vor allem Schriftstücke «in Dictat (oder Stenogramm) gleichzeitig in Reinschrift und Conzept schnell anzufertigen.»

Die Schreibmaschine war nur ein Element, wenn auch das zentrale, in der bürotechnischen Revolution, die das alte handschriftliche Konzept durch das Doppelstück der Reinschrift ersetzte. Ein Durchschlag verrät den Inhalt eines Schreibens in seiner endgültigen Textgestalt. Ein Entwurf verrät in seinen Korrekturen und anderen Bearbeitungsspuren auch die Textgeschichte und damit den Gang der Entscheidungsfindung bis zu dem Zeitpunkt, an dem die Reinschrift des Texts erstellt wurde – wo der Durchschlag erst ansetzt. Im Prinzip hat jeder Durchschlag eine Geschichtsquelle vernichtet.

Für die Möglichkeiten aktenkundlicher Erkenntnis bedeutete das System Schreibmaschine also einen tiefen Einschnitt.[63]

Das Durchschlagverfahren entwertete auch die Tätigkeit der Sekretäre, weil es rein mechanischer Natur war. Statt Mitdenken waren nur noch Fingerfertigkeit und sauberes Arbeiten gefragt. Und da die altgedienten Kanzleibeamten ohnehin mit der neuen Technik fremdelten, konnte man doch stattdessen, so das männliche Denken der Zeit, einfach – Frauen einstellen.

[63] vgl. a. unten S. 250, Anm. 74

Ein Ministerium antwortete dem Auswärtigen Amt entwaffnend direkt, man denke an die «Versorgung von Beamtentöchtern».“ [64]

Mehr Verwaltungsarbeit führte zu mehr Schriftgut, das in der Registratur dem gründlichen und zeitraubenden Journalisieren unterworfen wurde. Veränderungen in den Aufgaben der Behörden stellten allmählich den auf Stabilität angelegten Ordnungssinn des Registrators auf eine harte Belastungsprobe.[65]

Die bisherigen Abläufe bedurften also der Änderung, und so kam es Anfang des 20. Jahrhunderts zur sogenannten Büroreform, die im Kern eine Registraturreform war.

Die „klassische“ behördliche Schriftgutverwaltung wurde indes durch die Büroreform nicht sofort, sondern nur schrittweise verändert. Einige charakteristische Elemente überdauerten sogar den Zweiten Weltkrieg. So wurde die preußische Fadenheftung noch bis in die 50er Jahre verwendet.[66]

Die Badische Aktenheftung mit Faden gibt es heute noch, und auch der Lieblingsfeind der „Büroreformer“, das Geschäftstagebuch, erweist sich als ungemein zählebig[67] und wird in einigen Behörden bis in unsere Tage weitergeführt. Bei Licht betrachtet, hat sich mancherorts das Tagebuch von hinten durch die Kalte Küche wieder eingeschlichen und führt ein quicklebendiges Dasein – heute nicht mehr auf Papier, sondern elektronisch – als *Logfile, ToDoNumber, DocumentID, whatever.*

---

[64] [ab S. 239] Berwinkel: Aktenkunde, Beitrag vom 16. 3. 2015

[65] vgl. Hoffmann S. 27 f.

[66] vgl. Hoffmann S. 28

[67] vgl. Hochedlinger S. 107

Das liegt daran, daß bei massenhaft elektronisch eingehenden „Dokumenten" eine Tendenz zum seriellen, chronologischen, *ordnungsneutralen* Registrieren (Speichern) besteht und die Vorgangs- und Aktenbildung, wenn überhaupt, *erst danach* vorgenommen wird.

Das ist alter Wein in neuen Schläuchen. Es bietet durch Such- und Abfragemöglichkeiten gewisse Bequemlichkeiten, doch diese sind auch verführerisch. Sie verleiten leicht dazu, den Fortschritt der Büroreform, nämlich die Ordnung nach dem Sachaktenplan, wieder zu vernachlässigen. Hier sind aber auch hochdisziplinierte Metadatenpflege oder Zusatzaufschreibungen nötig, um die Sachakte (ganz gleich, ob auf Papier oder elektronisch) der „DocumentID" etc. zuzuordnen. Unterbleibt es, ist im Datenwust der seriell registrierten Eingänge kein sachlich zugehöriges Schriftstück mehr wiederzufinden.

Dieses serielle Registrieren ist aber auch, besonders mit Blick auf Filter- und Sortierfunktionen der modernen EDV, ein Einfallstor für die wiederauflebenden General- und Spezialindizes – nur daß man heute nicht mehr schweren Folianten, sondern Bildschirmmasken durchblättert.

Das hat schon etwas von Ironie der Geschichte. Es zeigt aber auch, daß jede elektronische Vorgangsbearbeitung auf ein gut durchdachtes System der Schriftgutorganisation *aufsetzen* muß, wenn seine technischen Vorteile nicht verpuffen sollen. Unklarheit im Denken kann keine EDV abfangen, und analoge Versäumnisse lassen sich digital nicht heilen.[68]

---

[68] vgl. oben, S. 28 ff. («Papierloses Büro»)

Blick ins Archiv

Der Begriff Archiv wird umgangssprachlich weit gefaßt für alle möglichen Stellen verwendet, an denen alte Unterlagen oder Informationen aufbewahrt werden; gern, aber falsch zum Beispiel für die Altablage (Altregistratur).

In der EDV bezeichnet „Archiv" oft Verzeichnisse oder Datenträger mit Sicherungskopien oder Altversionen von Dateien.

Diese recht unscharfe Vorstellung mag damit zusammenhängen, daß die Arbeit der Archive weit unauffälliger geschieht als beispielsweise die von Bibliotheken oder Museen, in denen ja auch Altes aufbewahrt wird. Deshalb wird auch weithin die Tätigkeit von Bibliothekaren, Museologen und Archivaren kaum als unterschiedlich wahrgenommen.[69]

Die „Praktische Archivkunde" bietet eine gute Definition: *„Archive sind Einrichtungen, deren Aufgabe die systematische Übernahme, Erfassung, Ordnung, dauerhafte Aufbewahrung und Erschließung von Schrift-, Bild- und Tonträgern sowie elektronischen Speichermedien aus öffentlichen Dienststellen und anderen Institutionen (Verbänden, Unternehmen) oder von Einzelpersonen ist. ...*

Vom Substantiv ‚Archiv' abgeleitet sind die drei Adjektive: archivisch, archivalisch, archivarisch. Diese werden unterschiedlich verwendet:

- archivisch bezieht sich auf das Archiv als Institution oder das Archivwesen im Allgemeinen,

[69] vgl. Reimann, S. 25 f.

- archivalisch bezieht sich auf das Archivgut selbst, also die Archivalien,
- archivarisch bezieht sich auf die Tätigkeit in Archiven, vor allem auf die Tätigkeit der Archivarinnen und Archivare.“ [70]

Das im Archiv Eingelagerte sind die Archivalien (Einzahl: das Archivale).

Schließlich sei noch erwähnt, daß auch der Lagerraum für das Archivgut (also eigentlich das Magazin) meist als Archiv bezeichnet wird. Das ähnelt übrigens der unscharfen Begriffsverwendung bei der Registratur. [71]

Ein Schwerpunkt beim Archiv liegt bei der *dauerhaften* Aufbewahrung. Deshalb müssen die Unterlagen endgültig bearbeitet, abgeschlossen, archivreif sein. Bestände aus der kurrenten Registratur, aber auch aus der Altregistratur, sind eben noch nicht archivreif, auf sie muß zur erneuen Bearbeitung zurückgegriffen werden können.

Ein zweiter Schwerpunkt liegt in der Nutzbarmachung der Archivalien *grundsätzlich* für jeden. Grundsätzlich heißt: es gibt Ausnahmen. So können zum Beispiel Sperrfristen greifen, wenn personenbezogene Informationen über lebende oder noch nicht genügend lange tote Personen betroffen sind, über noch nicht öffentlich gewordene peinliche politische Vorgänge oder dergleichen. Dann wird die Einsicht nur einigen handverlesenen Forschern im Rahmen ihrer Arbeit gewährt, während andere Interessenten sich noch ein paar Jahrzehnte gedulden müssen.

---

[70] a. a. O.

[71] siehe oben, S. 36 f.

Übliche Sperrfristen sind 30 Jahre, aber auch 70 Jahre sind hier und da gebräuchlich. Auch andere Fristen können sich finden, etwa beim Vatikanischen Geheimarchiv: das Archiv legt ohne Einschränkung seine Akten bis 1922, dem Ende des Pontifikats Benedikts XV., vor. Am 20. Februar 2002 gab Papst Johannes Paul II. die Dokumente des Staatssekretariats aus der Zeit von 1922 bis 1939 – allerdings nur, soweit sie das Deutsche Reich betreffen – für die Forschung frei. Auf Beschluß Papst Benedikts XVI. sind seit dem 18. September 2006 schließlich alle Dokumente des Pontifikates von Papst Pius XI. bis zu seinem Tod 1939 für Wissenschaftler einsehbar.

Auch bei größter Zurückhaltung im Zugänglichmachen der Archivalien – ein Archiv, das dauerhaft Unterlagen aufbewahrt, sie aber niemandem zeigt, wäre ein Widerspruch in sich. Eher dürfte ein stolzes „Schaut her, was wir alles haben, nur geht vorsichtig damit um, es ist unersetzlich“ tief im Innern eines Archivars vorhanden sein.

Die Träger der Archive können mannigfaltigster Art sein: ein Bundesstaat, ein Land, eine Gebietskörperschaft (Landschaftsverband, Kreis, Stadt, Gemeinde), eine einzelne Behörde, ein Bistum, ein Kloster, eine Kirchengemeinde, eine Universität oder Schule, ein Krankenhaus, ein Verein, eine Partei oder Gewerkschaft, ein Konzern oder ein einzelnes Konzernunternehmen, ein selbständiges Unternehmen oder ein Unternehmensverband, eine Familie, eine Einzelperson und so weiter – in verschiedenster Größe und Form. Manche Archive werden von anderen übernommen, ihr Archivalienbestand wie auch ihre Aufgaben gehen dann an das aufnehmende Archiv über.

Dann greift das heute vorherrschende *Provenienzprinzip* (von lat. *provenire*, „entstehen“). Die Bestände bleiben auch im übernehmenden Archiv körperlich getrennt und eigens verzeichnet.

Das bis ins 19. Jahrhundert versuchte *Pertinenzprinzip* (von lat. *pertinere*, „dazugehören“) hat sich insgesamt nicht genügend bewährt, um zum Standard zu werden. Es mag auf den ersten Blick verführerisch erscheinen, Unterlagen thematisch geordnet vorzufinden – doch andere Forscher behandeln andere Themen. Würde man die Urbestände auseinanderreißen und thematisch umsortieren, gingen Informationen verloren, etwa solche über sachliche und personelle Zusammenhänge der Entstehungszeit.

Das Pertinenzprinzip kann dagegen für Sammlungs- und Selektbestände zweckmäßig sein. In diesen werden Archivalien verwahrt, die von unterschiedlicher Provenienz sind, jedoch aus praktischen Erwägungen zusammengeführt wurden (zum Beispiel Karten, Pläne, Fotos oder Zeitungsausschnitte).

In Bibliotheken herrscht das Pertinenzprinzip vor, denn dort ist es praktisch, die Bücher nach Themen geordnet einzustellen und zu katalogisieren; im Archiv wird auf den oberen Erschließungsstufen bis zur Bestandsbildung aus guten Gründen das Provenienzprinzip bevorzugt.

Die Erschließung von Einzelakten, zum Beispiel mit Hilfe des Aktenspiegels, haben wir oben kurz angerissen[72]; in den Archiven gibt es für die Erschließung – das heißt das Ordnen *und* Verzeichnen der Bestände – Erschließungsstufen[73]:

---

[72] siehe oben, S. 29, 69, 74

[73] vgl. Reimann S. 111 ff.

1. Die Zuständigkeit des Archivs (Archivsprengel)
2. Die Ordnung des Gesamtbestandes eines Archivs *(Tektonik)*
3. Die Bildung und Abgrenzung der Bestände nach dem *Provenienzprinzip*
4. Die innere Ordnung der Bestände
   Hier kommt das *Pertinenzprinzip* zum Tragen, vor allem dann, wenn die Bestände nach einem Aktenplan geordnet sind – denn ein Aktenplan ist seiner Bestimmung nach *die* Abbildung der Pertinenzen schlechthin.
5. Die Titelaufnahme und die Anfertigung der *Findmittel* (Findbücher, Repertorien). Das wird, wie oben erwähnt , enorm erleichtert, wenn mit den Akten auch die Registraturhilfsmittel wie Aktenplan, Aktenverzeichnis und Aktenspiegel ans Archiv übergeben werden.
6. Die Berücksichtigung *spezieller Archivgutarten*
   Hier seien Urkunden und Urkundenbücher, Amtsbücher, Karten, Pläne, Fotos und Filme erwähnt – und natürlich die Akten, die wohl meist den Löwenanteil der Bestände ausmachen werden. Ihr Aufbau, ihre Ordnung und ihre Besonderheiten fließen – unterschiedlich umfangreich, je nach Erschließungsintensität – in die Findmittel ein.

In den nach Provenienzen gebildeten Beständen finden sich nicht nur die Sachakten, Amtsbücher usw., sondern idealerweise auch mitgelieferte Hilfsmittel wie Aktenpläne und -verzeichnisse, Geschäftsverteilungspläne, Mitarbeiterlisten, Unterschrifts- und Paraphenprüfblätter und dergleichen. Sie erleichtern es später dem Historiker, unter Beachtung von Entstehungszusammenhang und Zuständigkeiten die mitunter sehr wichtige Frage zu beantworten: „Wer hat sich wann mit welcher Entscheidungsbefugnis womit beschäftigt?“. Das wäre bei der Umsortierung nach Pertinenzen stark erschwert oder würde ganz unmöglich.

Archive sind auf die dauernde Aufbewahrung ihrer Archivalien ausgelegt, und das hat auch organisatorische und technische Auswirkungen. So werden, wenn möglich, Neuzugänge zunächst in ein Zugangsmagazin gelangen und dort von den schon bearbeiteten und endgültig verpackten Archivalien getrennt. Sie müssen nämlich erst auf ihren Zustand geprüft werden und sollen die bereits archivierten Bestände nicht durch Schadstoffe belasten, etwa durch Schimmel und dessen Sporen. Gegebenenfalls müssen sie getrocknet werden. Meist ist auch ein „Entgräten“ nötig, das Entfernen von Metallteilen wie Heftklammern oder -streifen. Auch konservatorische Maßnahmen können jetzt vorgenommen werden, vom Schließen kleiner Risse bis zur vollständigen Restaurierung.

Dann müssen die neuen Archivalien umgebettet werden. Die endgültige Aufbewahrung erfolgt bei der großen Masse liegend in Archivkartons aus genügend dicker, alterungsbeständiger Pappe. Für Amtsbücher, Zeitungen, Karten, Pläne, Plakate usw. gibt es, wie auch für Filme und Fotos, spezielle Aufbewahrungsmappen, Schuber, Spezialschränke und so weiter.

Weiterhin müssen die Neuzugänge mit der Archivsignatur versehen werden. Schließlich werden die Bestände magaziniert. Zur späteren Benutzung weden die Archivalien aus dem Magazin ausgehoben und nach der Benutzung wieder reponiert.

Hier war nur ein flüchtiger Blick ins Archiv möglich – es gibt ganze Studiengänge der Archivwissenschaft an den Archivschulen Marburg und Potsdam.

Jahrzehnte später ...
Ja, es gibt sie wirklich: die Aktenkunde

Werden archivierte Akten – jetzt gehen wir davon aus, daß die übliche Sperrfrist von 30 oder auch 70 Jahren abgelaufen ist – für wissenschaftliche Forschungen herangezogen, kommt die wissenschaftliche Disziplin der Aktenkunde zum Tragen.

Die Aktenkunde (auch: Aktenlehre) ist diejenige „Historische Hilfswissenschaft“, die sich mit den Formen und der Entstehungsweise der spätmittelalterlichen und neuzeitlichen Akten beschäftigt. Ihr Schwerpunkt liegt bei behördlichen Schriftstücken. Sie übernimmt einen Teil ihrer Methoden aus der → Diplomatik, hat jedoch inzwischen ein eigenes Lehrgebäude errichtet. Die Aktenkunde bietet die Grundlage für ein *quellenkritisches* Aktenstudium. Sie hinterfragt jedes Schriftstück nach besonderen Kriterien.

Die Aktenkunde unterteilt sich in:

- die analytische Aktenkunde,
- die genetische Aktenkunde und
- die systematische Aktenkunde.

Die analytische Aktenkunde untersucht die inneren und äußeren Formen der Akten. Die äußere Analytik beschäftigt sich zum Beispiel mit dem verwendeten Papier, der angewandten Verschlußform, dem Schreibstoff und dem Schreibgerät. Die innere Analytik beschäftigt sich mit Aufbau des Geschriebenen.

Die genetische Aktenkunde untersucht den Entstehungsprozeß der Akten innerhalb der Behörde und beschäftigt sich mit den verschiedenen Vermerken. Aktenkundler sehen lieber Schriftstücke mit Bearbeitungsspuren und sind deshalb nicht sehr glücklich mit der Ablösung des Konzeptverfahrens durch das Durchschlagverfahren. Weil dort der Durchschlag erst zusammen mit der Reinschrift angefertigt wird, kann er die vorherigen Bearbeitungsschritte nicht anhand von Vermerken zeigen.

Berwinkel schreibt in seinem Blog „Aktenkunde" daher zutreffend: „Im Prinzip hat jeder Durchschlag eine Geschichtsquelle vernichtet." [74]

Die systematische Aktenkunde stellt mit klaren Leitbildern eine Typologie auf – sowohl der einzelnen Schriftstücke als auch der Formen, in denen aus diesen Schriftstücken Akten gebildet werden.

Wie feingeschliffen das Instrument sein kann, zeigt dieses Beispiel: „Weilte der Kaiser in Berlin oder in Potsdam, so wurden, wenn nicht aus besonderen Gründen, etwa in sehr dringlichen Fällen, ein anderes Verfahren als notwendig sich erwies, regelmäßig 7 ½ Uhr abends die zur Vorlage bestimmten Depeschen in besondern Umschlägen an den Kaiser gesandt, und zwar in größeren Folio-Umschlägen die gewöhnlichen Berichte der deutschen auswärtigen Missionen nebst einem im Amt zusammengestellten Konvolut von Zeitungsausschnitten und in kleineren Quart-Umschlägen die telegraphischen Berichte, im wesentlichen also Entzifferungen chiffriert eingegangener Telegramme. Die Zeitungsauschnitte waren nach Materien geordnet und fortlaufend numeriert. Die auf Folioblättern geschriebenen Telegramme bzw.

[74] vgl. Berwinkel: Aktenkunde

Entzifferungen mußten, um in den kleineren Umschlägen Platz zu finden, einmal gefaltet werden. Demjenigen, der nachmals solche Schriftstücke zu prüfen hat, bietet der „Kniff“ der Entzifferung, wenn, wie es vorkommt, alle andern Mittel versagen, mitunter die einzige Möglichkeit, zu entscheiden, ob ein Telegramm dem Kaiser vorgelegen hat oder nicht.“ [75]

Auch eng am Tagesgeschehen ist die Aktenkunde nützlich, etwa beim Aufdecken von Fälschungen und Verfälschungen. [76] Es fällt dem geübten Auge auf, wenn ein Schreiben „nicht kanzleigemäß“ ist, der Briefkopf nicht zur Funktion paßt, ein falscher Bundesadler verwendet wird, ein Geheimhaltungsvermerk unstimmig ist und dergleichen mehr.

Hier wollen wir auch einen Ausflug in die Gegenwart unternehmen, weit vor die Zeit der historischen Forschung, noch vor die Archivierung, hinein in die Altregistratur. Schon hier kann aktenkundliches Wissen vorteilhaft sein: ein guter Registrator wird in kürzester Zeit aus kleinsten Merkmalen wichtige Informationen ableiten können. Das wiederum kann ihn *ohne Umwege* zur professionellen Auskunft z. B. an die Innenrevision oder externe Prüfer befähigen.

---

[75] Meyer, S. 45 [der digitalen Antiqua-Ausgabe]; mit Entzifferung (der ‚Kniff‘ der Entzifferung) ist hier das Blatt Papier gemeint, auf dem das dechiffrierte (entzifferte) Telegramm niedergeschrieben war. – Meyer konnte 1920 noch davon ausgehen, daß seine Leser mit Folio oder Quart sofort ein Bild von der Größe der Umschläge vor Augen hatten; der Leser des vorliegenden Buches kann, wenn nötig, die Angaben oben auf Seite 220 finden.

[76] vgl. Berwinkel: Aktenkunde – hierzu speziell: http://aktenkunde.hypotheses.org/tag/aktenfalschungen

Nachwort

Mit dem, was manche heute, ganz modern und einem höchst wandelbaren Zeitgeist folgend, für das „Abschneiden lästiger alter Zöpfe“ halten, ist zwangsläufig ein langfristiger Wissensverlust verbunden!

Ob es nun Medienbrüche sind (weniger dauerhaftes Papier und mehr flüchtige Daten) oder die üble Angewohnheit, keine Aktenvermerke, nicht einmal mehr marginale, über Gesprochenes zu fertigen – hier geht erheblich mehr Information verloren als in der stärker „verschriftlichten“ Epoche. Künftige Aktenkundler werden es deshalb schwer haben.

Neue Herausforderungen liegen in den neuen Speichermedien. Jahrtausendealte Papyri sind heute noch lesbar, jahrhundertealte Pergamente ebenso, und auch gutes Papier ist sehr langlebig. Wenn magnetische und optische Datenträger aber schon nach wenigen Jahrzehnten unbrauchbar werden, so müssen die auf ihnen enthaltenen Informationen rechtzeitig für einen neuen Zeitraum konserviert werden – mit Zeitaufwand und kostenträchtiger Technik.

Ob das gut oder schlecht ist, hinderlich oder hinnehmbar, das muß die Zeit lehren, darüber werden die Auffassungen auch sehr weit auseinandergehen. In jedem Falle werden sich die Auswirkungen einer heute immer schnellerlebig werdenden Zeit erst in ferner Zukunft zeigen.

Klar ist eines: alles, was wir *nicht* sichern und bewahren, ist rettungslos verloren.

Das reicht vom knappen Marginal auf einem Papiervorgang oder dessen elektronischen Entsprechung an einem Datensatz bis hin zu langzeitig geführten Aktenbeständen – seien sie nun auf Papier geschrieben oder elektronisch abgebildet.

Wollen wir uns das leisten?

Ob jemand schon heute langfristig und rücksichtsvoll an Vertreter, Nachfolger und künftige Wissenssuchende denkt und für *Informationserhalt* sorgt – oder ob er nach dem Motto handelt „nach mir die Sintflut" – das muß jeder für sich entscheiden.

Hier schließt sich ein Kreis, hier kristallisiert sich heraus, ob das vorliegende Buch ein Fehlkauf war oder gut angelegtes Geld ist: ist mir das alles gleich, will ich mich mit möglichst wenig Denkarbeit auf dem Wege des geringsten Widerstandes durchlavieren – oder geht mein „Servicegedanke" so weit, daß ich zum Lernen *und Anwenden*, auch im Interesse heutiger Kollegen und künftiger Generationen, bereit bin?

Will ich Nachhaltigkeit auch auf dem Gebiet des Wissenserhalts und der Wissensweitergabe anstreben?

Mit diesen Fragen, die nur Sie, lieber Leser, und nur für sich selbst beantworten können, will ich das vorliegende Buch schließen.

Wissen anbieten, das konnte ich.

Denkanstöße zu geben, das glaube ich erreicht zu haben.

Neugier zu wecken, das ist mir – hoffentlich – gelungen.

Quellenverzeichnis

I. Gedruckte Quellen

1. Ackerknecht, Erwin: *Deutsche Büchereihandschrift.* 3. Aufl., Berlin und Frankfurt am Main 1948, Weidmannsche Verlagsbuchhandlung.
2. AK: *Wissensspeicher Sekretärin.* Berlin 1976, Verlag Die Wirtschaft.
3. Appel, Jo; Rühling, Helga: *Bürowirtschaft. Ein Lehr- und Arbeitsbuch mit praktischen Fällen für die Ausbildung in Büroberufen.* Wiesbaden 1980, Betriebswirtschaftlicher Verlag Dr. Th. Gabler.
4. Brachmann, Botho: *Die Schriftgutverwaltung in Staat und Wirtschaft.* Berlin 1965, Staatsverlag der DDR.
5. Breiter, Josef Robert (Bearbeiter); Ausschuß für wirtschaftliche Verwaltung [AWV] beim Kuratorium für Wirtschaftlichkeit [RKW] (Hrsg.): *Schriftgutkunde. Grundsätzliches über Arbeitsgut, Aufbau, Ordnung, Arbeitsweisen, Arbeitsmittel und Benutzung von Schriftgutverwaltungen.* Zweite, durchgesehene Aufl., Stuttgart 1949, Forkel-Verlag.
6. Büchner / Joerger / Trockels / Vondung: *Übungen zur Verwaltungstechnik und Bescheidtechnik.* 4. Aufl., Stuttgart 2006, W. Kohlhammer Verlag.
7. Bundesverwaltungsamt, Bundesstelle für Büroorganisation und Bürotechnik (Hrsg.): *Schriftgutverwaltung in*

Bundesbehörden. Eine Einführung in die Praxis. BBB-Sonderdruck. Melle 2000, Ernst Knoth Druckerei + Verlag.

8. Bundeswehr (Hrsg.): *ZDv 64/1 - Geschäfts- und Schriftverkehr der militärischen Dienststellen (GeSchrift-Mil) vom 1. November 1962.* ohne Verlagsangabe.
9. Czekalla, Hans: *Zweckmäßige Büro-Organisation. Band II: Die Organisatin der Registratur.* Berlin und Wien 1926. Industrieverlag Späth & Linde.
10. Deutsche Bundesbahn (Hrsg.): *DV 140 - Dienstvorschrift über das Aktenwesen (Aktenvorschrift). Gültig vom 1. Januar 1954 an.* Mainz 1953, Druckhaus Schmidt & Co.
11. Deutsche Bundesbahn (Hrsg.): *DV 140 01 - Aktenplan. Gültig vom 1. Januar 1954 an.* Mainz 1953, Druckhaus Schmidt & Co.
12. Deutsche Bundesbahn (Hrsg.): *DS 140/I - Aktenplan. Gültig vom 1. Juni 1980 an.* Karlsruhe 1980, Bundesbahndirektion Karlsruhe.
13. Deutsche Bundesbahn (Hrsg.): *DS 174/I - Aktenplan für die Generalvertretungen der Bundesbahndirektionen, Bundesbahnämter und Bundesbahn-Ausbesserungswerke. Gültig vom 1. Juli 1980 an.* Karlsruhe 1980, Bundesbahndirektion Karlsruhe.
14. Deutsche Bundesbahn (Hrsg.): *DV/DS 176 - Dienst vorschrift für den Schriftverkehr der Dienststellen des Außendienstes (DV Schriftverkehr). Gültig vom 1. März 1960 an.* Karlsruhe 1960, Bundesbahndirektion Karlsruhe. *[Hinweis d. Verf.: schloß unmittelbar an die Ausgabe von 1940 an; siehe Nr. 15]*

15. Deutsche Reichsbahn (Hrsg.): *DV 176 – Dienstvorschrift für den Schriftverkehr der Dienststellen (Schriftvo). Gültig vom 1. März 1932 an, Ausgabe 1940.* Karlsruhe 1940, Reichsbahndirektion Karlsruhe / Druckerei C. F. Müller. *[Hinweis d. Verf.: galt bis 28.2.1960]*
16. Deutsche Reichsbahn-Gesellschaft (Hrsg.): *DV 140 - Dienstvorschrift über das Aktenwesen nebst Einführungsbestimmungen. Gültig vom 1. Januar 1928.* Berlin 1927, gedruckt in der Reichsdruckerei.
17. Deutsche Reichsbahn-Gesellschaft, Reichsbahndirektion Berlin (Hrsg.): *Geschäftsanweisung für den Bürodienst bei der Reichsbahndirektion Berlin. Gültig vom 1. Januar 1931 an.* Berlin 1930, gedruckt in der Reichsdruckerei.
18. DIWIV (Hrsg.): *Büroreformen in einzelnen Verwaltungen.* Berlin 1927, Carl Heymanns Verlag. (Schriftenreihe des Deutschen Instituts für wirtschaftliche Arbeit in der öffentlichen Verwaltung [DIWIV], Zweiter Band).
19. Dobelli, Rolf: *Die Kunst des klugen Handelns. 52 Irrwege, die Sie besser anderen überlassen.* Ungekürzte Lizenzausgabe der RM Buch und Medien Vertrieb GmbH, o. J.; © Carl Hanser Verlag, München 2012.
20. Drechsler, Ursula: *Die erfolgreiche Sekretärin.* Bindlach 1993, Gondrom.
21. Dudenredaktion (Hrsg.): *Duden. Das Sekretariatshandbuch.* 2. Aufl. Mannheim u. a. 1997, Dudenverlag.
22. Dülfer, Kurt; Korn, Hans-Enno: *Gebräuchliche Abkürzungen des 16. - 20. Jahrhunderts.* Nachdruck der 9., überarbeiteten Auflage. Marburg 2013, Archivschule.

23. Eisheuer, Peter Hermann: *Dienstlicher Schriftverkehr.* 5. Aufl., Leipzig 1941, Verkehrswissenschaftl. Lehrmittelges.
24. Enders, Gerhart: *Archivverwaltungslehre.* Berlin 1962, Ruetten & Loehning.
25. Engel, Andreas: *IT-gestützte Vorgangsbearbeitung in der öffentlichen Verwaltung. Bausteine zur Prozessgestaltung im E-Government.* (E-Government und die Erneuerung des öffentlichen Sektors, Band 9). Berlin 2008, edition sigma.
26. Erbach, Karl Fr.; Blank, Wilhelm: *Der Bürokaufmann. Wirtschafts- und Bürokunde.* 12. Aufl., Darmstadt 1979, Winkler.
27. Fladt, Philipp Wilhelm Ludwig: *Anleitung zur Registraturwissenschaft ... (Frankfurt und Leipzig, in der Eßlingerschen Buchhandlung 1765).* Unveränderter Nachdruck: Pullach bei München 1975.
28. Franck, Herbert: *Das Grundwissen der Bürogehilfin.* Wolfenbüttel 1948, Heckners Verlag.
29. Generalstaatsanwalt der DDR (Hrsg.): *Handbuch für den Staatsanwalt.* Berlin 1955, ohne Verlagsangabe.
30. Geyer, Hermann (BSA); Kübler, Fritz (HVB) (Bearb.): *Die mündliche Prüfung im Prüfungsfach „Verwaltungsdienst". Eine Sammlung von Fragen und Antworten für die Laufbahnprüfungen im einfachen und mittleren Bundesbahndienst.* 7. überarbeitete und erweiterte Auflage, Frankfurt (Main) 1981, Verlag der GdED.
31. Grull, Werner: *Die Registratur in gewerblichen Unternehmen.* Leipzig 1922, G. A. Gloeckner Verlagsbuchhandlung.
32. Hochedlinger, Michael: *Aktenkunde. Urkunden- und Aktenlehre der Neuzeit.* Wien u. a. 2009, Böhlau Verlag.

33. Hoffmann, Heinz: *Behördliche Schriftgutverwaltung. Ein Handbuch für das Ordnen, Registrieren, Aussondern und Archivieren von Akten der Behörden.* 2. Aufl., München 2000, Harald Boldt Verlag im R. Oldenbourg Verlag [Schriften des Bundesarchivs: 43].
34. Holtzinger, Georg: *Katechismus der Registratur- und Archivkunde. Handbuch für das Registratur- und Archivwesen bei den Reichs-, Staats-, Hof-, Kirchen-, Schul- und Gemeindebehörden, den Rechtsanwälten etc. sowie bei den Staatsarchiven.* Leipzig 1883, Verlagsbuchhandlung von J. J. Weber.
35. Hübener, Erhard: *Umrisse und Untersuchungen zur Verwaltungskunde.* Hrsg. von Rainer Polley, mit einer Einleitung von Eberhard Laux. Marburg 1994, Archivschule. [Veröffentlichungen der Archivschule Marburg – Institut für Archivwissenschaft; Nr. 22].
36. Jaeger, Paul: *Die Registratur und anderes Wissenswertes aus dem Gebiet der Büroorganisation. Erfahrungen und Beobachtungen eines alten Praktikers.* Stuttgart o. J. (1937), C. E. Poeschel Verlag.
37. Kluth, Rolf: *Lehrbuch der Bibliothekspraxis.* Wiesbaden 1979, Otto Harrassowitz.
38. Krabbe, Wilhelm; Luther, Wilhelm Martin: *Lehrbuch der Bibliotheksverwaltung.* Stuttgart 1953, Hiersemann.
39. Kreuser, Curt; Friedrich, Kurt: *Organisations- und Bürokunde für die Verwaltung (Verwaltungsbetriebslehre) (Leitfaden für den öffentlichen Dienst; 10).* 9. Aufl., Herford 1983, Maximilian-Verlag.

40. Kunze, Horst: *Bibliotheksverwaltungslehre.* 2., verbesserte Aufl., Leipzig 1958, VEB Otto Harrassowitz.
41. Laux, Eberhard (Hrsg.); Teppe, Karl (Hrsg.): *Der neuzeitliche Staat und seine Verwaltung.* Stuttgart 1998, Franz Steiner Verlag.
42. Meisner, Heinrich Otto: *Urkunden- und Aktenlehre der Neuzeit.* Leipzig 1950, Koehler & Amelang. [Meisner I]
43. Meisner, Heinrich Otto: *Archivalienkunde vom 16. Jahrhundert bis 1918.* Leipzig 1969, Koehler & Amelang. [Meisner II]
44. Menne-Haritz, Angelika: *Schlüsselbegriffe der Archivterminologie.* Marburg 1992, Archivschule.
45. Meyer, Alfred: *Bürokunde.* Leipzig und Berlin 1944, Verlag Dr. Max Gehlen.
46. Meyer, Hermann: *Das politische Schriftwesen im Deutschen Auswärtigen Dienst. Ein Leitfaden zum Verständnis diplomatischer Dokumente.* Tübingen, 1920, Verlag von J. C. B. Mohr (Paul Siebeck). *[Anmerkung d. Verf.: hierzu s. a.die elektronische Antiqua-Ausgabe; vgl. Internet-Quellen]*
47. Ministerium für Verkehrswesen der DDR, Abt. Recht (Hrsg.): *Verkehrswesen der DDR - DV 0185 - Dienstvorschrift über den Umgang mit dienstlichem Schriftgut (Schriftgutvorschrift). Gültig ab Mai 1980.* Berlin 1980, Drucksachenverlag der Deutschen Reichsbahn.
48. Ministerium für Verkehrswesen der DDR, Zentrale Abteilung Recht (Hrsg.) [Geschäftsführung: Rbd Magdeburg, Abt. Recht]: *Deutsche Reichsbahn – DV 182 Ordnung der Verwaltungsarbeit für die Deutsche Reichsbahn –*

OV (DR) - gültig ab 1. August 1972. Berlin 1972, Drucksachenverlag der Deutschen Reichsbahn.

49. Ministerium für Verkehrswesen der DDR, Abteilung Recht (Hrsg.): *DV 0184, Th. 41 – Ordnung über die Arbeit in den Archiven des Verkehrswesens – Teilheft 41 – Schriftgutbewertungsverzeichnis der Deutschen Reichsbahn – gültig ab 1. Januar 1991.* Berlin 1990, Drucksachenverlag der Deutschen Reichsbahn.
50. Nationale Volksarme der DDR, Chef Nachrichten (Hrsg.): *Anleitung A 040/1/015 - Kurier- und Feldpostdienst, Nutzungsbestimmungen; VVS-Nr. A 128 207; gültig ab 1. 1. 1975.* ohne Verlag und Jahr.
51. Nationale Volksarme der DDR, Stellvertreter des Ministers und Chef des Hauptstabes (Hrsg.): *Einheitsaktenplan K 010/3/001; VVS-Nr. A 372 118; gültig ab 1.12.1977.* ohne Verlag und Jahr.
52. Nationale Volksarme der DDR, Der Minister (Hrsg.): *DV 010/0/009 - Schutz der Staatsgeheimnisse in der Nationalen Volksarmee; VVS-Nr. A 372 752; gültig ab 1. 12. 1989.* ohne Verlag und Jahr. *[Hinweis d. Verf.: erstellt im März 1989]*
53. Neuss, Erich: *Aktenkunde der Wirtschaft. Teil I: Kapitalistische Wirtschaft.* Berlin 1954, Rütten & Loening.
54. Neuss, Erich: *Aktenkunde der Wirtschaft. Teil II: Volkseigene Wirtschaft.* Berlin 1956, Rütten & Loening.
55. o. A.: *Schon gewußt? Wissenswertes, Merkwürdiges und Kurioses - Tausend Antworten auf tausend Fragen.* Augsburg 1996, Weltbild.

56. Ottmann, Karl: *„Preußens Eisenbahngeschichte als Basis verkehrswirtschaftlicher Grundsätze auch für die Gegenwart“* in: Hans-Joachim Ritzau (Hrsg.): *Die Eisenbahnszene gestern - heute,* Bd. 4. Pürgen 1995, Ritzau KG – Verlag Zeit und Eisenbahn.
57. Papritz, Johannes: *Archivwissenschaft. Band 2, Teil II, 2. Organisationsformen des Schriftgutes in Kanzlei und Registratur.* 2. durchgesehene Aufl., Marburg 1983. Archivschule.
58. Porstmann, Walter: Karteikunde. *Das Handbuch der Karteitechnik.* 3. Aufl. Berlin und Wien 1939, Industrieverlag Spaeth & Linde.
59. Rauball, Johannes: *Allgemeine und besondere Verwaltungskunde.* 3. Aufl. Neuwied und Darmstadt 1977, Luchterhand.
60. REFA Verband für Arbeitsstudien und Betriebsorganisation e. V. (Hrsg.): *Methodenlehre der Organisation für Büro und Verwaltung, 4 Bände.* Darmstadt 1981, Vorabauflage.
61. Rehkopp, Alfons: *Bürokunde und Behördenschriftverkehr.* Als Manuskript gedruckt, Göttingen o. J. [Rehkopp II]
62. Rehkopp, Alfons: *Der Verwaltungslehrling.* 2. Aufl., Berlin-Charlottenburg 2, 1942, Gersbach & Sohn Verlag. [Rehkopp I]
63. Reimann, Norbert (Hrsg.): *Praktische Archivkunde.* Münster 2014, Ardey-Verlag.
64. Rickmers, Jürgen: *Studienanleitung Archivverwaltungslehre. Archivtechnik. Lehrmaterialien für den Fernunterricht.* Potsdam 1968. Als Manuskript gedruckt. Staatliche Archivverwaltung im Ministerium des Innern der DDR.

65. Rösler, Harald: *„Die nächste Nummer bitte ... Wie fortlaufende Numerierungen hergestellt werden“.* In: *Die deutsche Schrift,* 73. Jg., 159. Folge (3/2006), S. 12 f.
66. Sanotzki, Klaus; Morschenheuser, Franz †: *Büro 2000.* 2. Aufl. Darmstadt 1993, Winklers Verlag.
67. Staatliche Archivverwaltung der DDR (Hrsg.): *Grundregeln für die Organisation der Registratur und für die Arbeit der Archive, Institutionen, Organisationen und Betriebe in der UdSSR.* Hrsg. von der Archivhauptverwaltung beim Ministerrat der UdSSR. Berlin 1965. Als Manuskript gedruckt. Staatliche Archivverwaltung im Ministerium des Innern der DDR.
68. Stephan, Manfred: *Zahlreiche Kasten sieht man hängen. Kleine Kulturgeschichte deutscher Briefkästen.* Heidelberg 1989, R. v. Decker's Verlag.
69. Warlitz, Johannes: *Die Registratur im Grossbetriebe. Praktische Anleitung zur systematischen Registratur-Einrichtung und -Führung, namentlich für industrielle Grossbetriebe und Handels-Gesellschaften.* Stuttgart 1908, Muth'sche Verlagshandlung.
70. Wolf, Friedrich; Wolf-Pommrich, Hedda: *Sekretärinnen-Handbuch.* 3. Aufl., Wiesbaden 1971, Betriebswirtschaftlicher Verlag Dr. Th. Gabler.
71. Zummach, K[arl]: *Amtliche Berichte oder Der schriftliche Verkehr des Beamten mit der vorgesetzten Behörde.* 10. Aufl., Berlin 1913, August Schultze Verlag.

II. Internetquellen

1. Berwinkel, Holger: *Aktenkunde* – http://aktenkunde.hypotheses.org [letzter Zugriff: 27.8.2015]
2. BStU: *Vorläufige Geschäfts- und Büroordnung des Ministeriums für Staatssicherheit vom 18. April 1950* – http://www.bstu.bund.de/DE/Wissen/MfS-Dokumente/Downloads/Grundsatzdokumente/geschaefts-bueroordnung.pdf?__blob=publicationFile [letzter Zugriff: 7.5.2015]
3. Bundesarchiv: *Hinweise für die Aufstellung von Aktenplänen* – http://www.bundesarchiv.de/imperia/md/content/abteilungen/abtb/b1b/hinweise_aktenplan_12.pdf [letzter Zugriff: 6.6.2015]
4. Bundesministerium des Innern: *Allgemeine Verwaltungsvorschrift des Bundesministeriums des Innern zum materiellen und organisatorischen Schutz von Verschlusssachen (VS-Anweisung - VSA) vom 31. März 2006* – http://www.bmi.bund.de/SharedDocs/Downloads/DE/Themen/Sicherheit/SicherheitAllgemein/VSA.pdf?__blob=pu blicationFile [letzter Zugriff: 7.5.2015]
5. Bundesministerium für Wirtschaft und Energie: *Geheimschutzhandbuch. Stand 8.9.2014* – https://bmwi-sicherheitsforum.de/handbuch/367,0,0,1,0.html?fk_menu=0 [letzter Zugriff: 7.5.2015]
6. Deutsches Buch- und Schriftmuseum der Deutschen Nationalbibliothek, Leipzig: *Vervielfältigungen* – http://mediengeschichte.dnb.de/DBSMZBN/Content/DE/ZeichenSetzen/02-vervielfaeltigungen.html [letzter Zugriff: 7.5.2015]

7. dokumentArchiv.de: *[DDR] Anordnung zum Schutz der Dienstgeheimnisse vom 6. Dezember 1971* – http://www.documentarchiv.de/ddr/dgeheimnis_vo.html [letzter Zugriff: 7.5.2015]
8. Elias, Christiane: *Archivische Anforderungen an alterungsbeständige Schreibstoffe „moderner" Druckerverfahren; Diplomarbeit zur Erlangung des Titels Diplom-Archivarin (FH); Fachhochschule Potsdam, Fachbereich Informationswissenschaften, Fachrichtung Archiv, Potsdam 2008* – http://www.uni-muenster.de/Forum-Bestandserhaltung/downloads/Diplomarbeit_Christiane%20Elias.pdf [letzter Zugriff: 3.5.2014]
9. Jungbluth, Rüdiger: *Auf der Suche nach Beweisen.* In: *Die Zeit* 2013/51 vom 22.12.2013 – http://www.zeit.de/2013/51/ leo-kirch-staatsanwaltschaft-deutsche-bank [letzter Zugriff: 24.6.2015]
10. Kloosterhuis, Jürgen: *Amtliche Aktenkunde der Neuzeit. Ein hilfswissenschaftliches Kompendium.* In: *Archiv für Diplomatik* 45 (1999), S. 465ff. – http://www.gsta.spk-berlin.de/amtliche_aktenkunde_552.html [letzter Zugriff: 24.6.2015]
11. ohne Autorennennung: *„Beamte/Roter Strich."* In: *Der Spiegel* Nr. 39/1996, S. 75 – http://magazin.spiegel.de/ EpubDelivery/spiegel/pdf/9093842 [letzter Zugriff: 29.6.2015]
12. Popp, Christoph: *Akte, Vorgang und Vermerk. Ein kurzer Leitfaden zur Vorgangsbearbeitung und Schriftgut-*

verwaltung. – https://www.stadtarchiv.mannheim.de/sites/default/files/LeitfadenVorgang.pdf [letzter Zugriff: 15.6.2014]

13. Popp, Christoph: *Akten – nur Staub und Langeweile? Eine Auffrischung in der trockenen Welt der Vorgangsbearbeitung.* – https://www.stadtarchiv.mannheim.de/schriftgutverwaltung [letzter Zugriff: 15.6.2014]
14. Rösler, Harald (Hrsg.): [digitale Antiqua-Ausgabe von]: Meyer, Hermann: *Das politische Schriftwesen im Deutschen Auswärtigen Dienst. Ein Leitfaden zum Verständnis diplomatischer Dokumente.* [Tübingen, 1920, Verlag von J. C. B. Mohr (Paul Siebeck)]. Duisburg 2015 – http://www.archiv.diplo.de/contentblob/4473320/Daten/5209089/Meyer_Volltext.pdf [letzter Zugriff: 27.8.2015]
15. Universität Augsburg, Philologisch-Historische Fakultät Germanistik: *Deutsche Sprachwissenschaft / Atlas zur deutschen Alltagssprache (AdA) / Tacker.* – http://www.philhist.uni-augsburg.de/de/lehrstuehle/germanistik/sprachwissenschaft/ada/runde_8/r8_f3g/ [letzter Zugriff: 18.6.2015]

Index